末羊子的
極簡日常提案

極簡生活實踐者
末羊子◎著

目錄 *CONTENTS*

CHAPTER 02

選擇簡單的生活風格，絕不只是「開始丟東西」

CHAPTER 03

動手實作！開始打造你的簡單生活風格

CHAPTER

0 4

維持生活空間的選物建議

CHAPTER

05

維持簡單生活的日常提案

打造自我的簡單風格，持續進行中

特別挑了有收納抽屜的床，讓春
夏和秋冬的衣物可以分開收納。

末羊的房間／

Joanne's room

當季衣服在衣櫃裡，非當季則放床底抽屜；所有的化妝品、保養品和飾品，都放在畫面右側書桌兼化妝桌的桌上和抽屜裡。

淺灰色的沙發搭配白色的牆壁、窗戶和地板，讓客廳感覺清新明亮。

電視櫃採用半透明的抽屜式收納盒，讓視覺上的顏色減少一些，就不會顯亂。

客廳 / *living room*

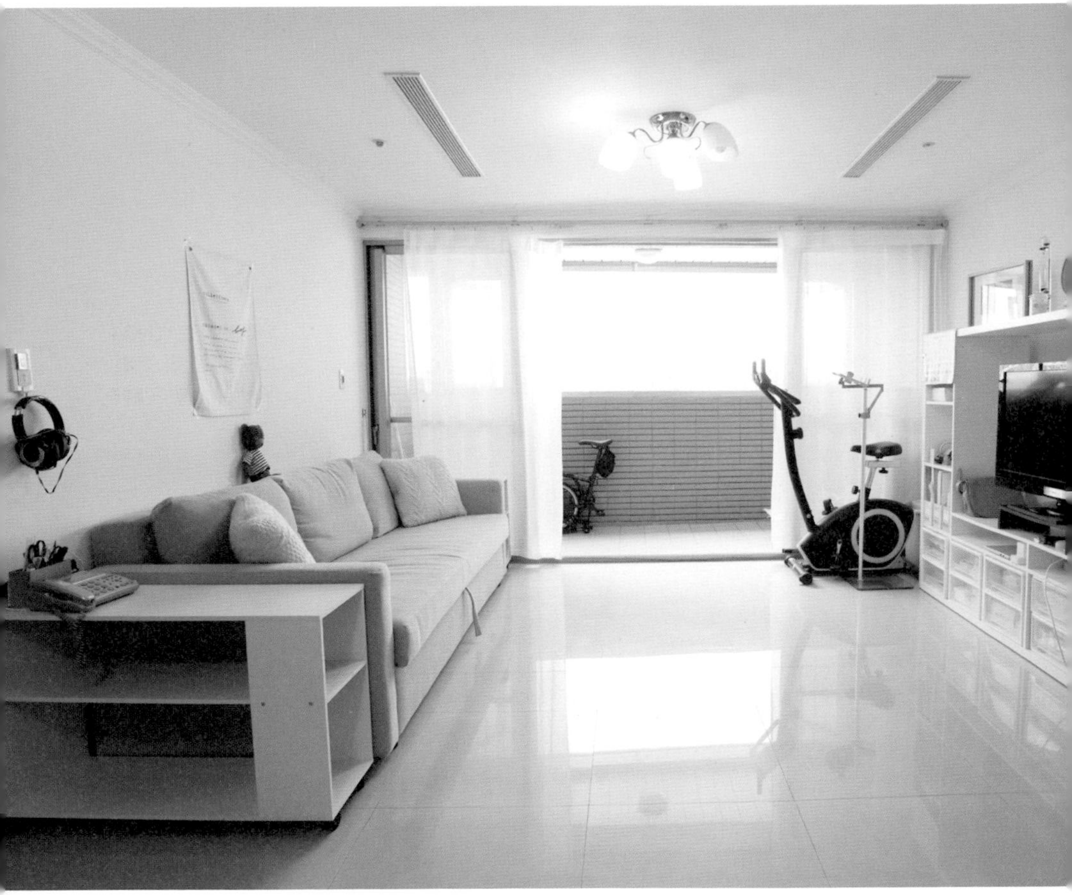

餐廳 / *Restaurant*

白色和淺色真的是讓空間變大的視覺好幫手。靠牆的收納櫃中是餐具和廚房用小家電。

鞋子也用半透明的收納盒擺放。全家人的鞋子都一目了然，要穿哪雙都很清楚。

玄關 /

Entrance

浴室 / Bathroom

和洗臉台的原則一樣，瓶罐越少，產生的水垢也越少。另外，使用相同的透明壓瓶，可以讓視覺風格更一致，減少視覺噪音。

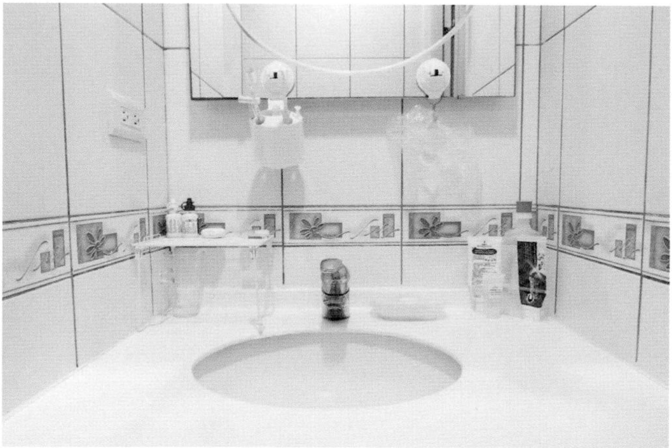

把所有瓶罐數量大幅減少，以及善用層架，可以避免物品和檯面接觸面產生水垢的問題。

TIPS

末羊的小提醒

我在最後一章的內容中，會提到如何和沒有在進行簡單生活的家人相處。目前我和爸媽同住，除了自己房間以外的共用空間，例如前頁的餐廳、客廳和浴室，我也不是一開始極簡就把爸媽的東西大丟特丟，那絕對會產生不必要的磨擦和衝突！

在改造這幾個家中區域的過程，以及後續的維持，都需要獲得家人的認同，並且取得使用上的共識，才不會過了沒幾個月之後，又打回原形喔！

CHAPTER 01

我如何從購物狂
變成極簡主義者

曾經，我追求不重複穿搭的「時尚」

「學姊！這一個月以來我有注意到，妳每天都穿不一樣的衣服耶！」如果和別人聊到過去瘋狂購物的時期，我一定會提到這句當時學妹所說的話。

我永遠不會忘記那段購物成癮且投入打扮的瘋狂歲月，那是在二十歲左右的大學生涯。「不重複的穿搭」，是我當時幾近病態的追求，也是我人生中擁有最多、最流行衣服的時期，每當察覺到同學或朋友注意到我的精心打扮，都令我心花怒放、洋洋得意！

大學時主修商業設計，幾乎每天都要熬夜趕作業，已經睡得夠少了，長期下來平均天天只有不到六小時的睡眠狀況下，我還能再早起一到兩個小時，就為了化妝、挑衣服、選包包、配鞋子，耐心等電棒到達足夠的熱度，把頭髮夾捲出滿意的弧形，然後在鏡子前反覆自問：

CHAPTER 01

我如何從購物狂
變成極簡主義者

「今天的穿搭打扮，能不能令人眼睛為之一亮呢？」

「應該沒有穿到重複的衣服、讓別人感到無聊吧？」

「這件上衣幾天前才穿過，雖然裙子是新買的，但還是換一件上衣好了……」

時間就這樣消耗在猶豫著既想展現又怕弄巧成拙的審視當中，通常總要試個三～五種造型風格才能定案，總之，必定要弄到一切滿意才會安心出門。當時的同學朋友聽到我每天用心良苦地打扮，甚至還願意因此早起，都紛紛對我投以敬佩的眼光。

我很開心能找到「讓自己更有自信」的方法，只要獲得他人的讚美，或者驚呼一聲「你今天也太美了吧！」那一切的大費周章就都值得了。

在這個人人都看臉蛋、看身材的時代，打扮得好或不好，穿著乏味還是時尚，所受到的待遇和眼光簡直是大相逕庭（至少對我這種有打扮就有差別的人來說，的確是的）。每次的精心裝扮，都會獲得不只一個人的讚美和欽佩，甚至我還知道，有人在期待看我今天怎麼穿搭。

這種虛榮使我感到更加自信，更容易受學弟妹尊敬、被學長姐注意。以上種種周遭帶給我的反饋，讓我越發相信這樣的追求是值得的！我不但開始迷戀外在的穿著打扮，更沈溺在他人的掌聲之中，這就像心理學史金納箱的實驗一樣，我好像那隻已經被制約的白老鼠，不停地重複這樣的迴路：打扮↓獲得讚美↓再打扮↓再獲得讚美↓更加打扮……。

於是，我的衣櫃漸漸地被一次次的購物給塞滿，化妝品也爆多到抽屜都關不起來，只要有同學朋友看過我的房間，沒有一個不說我「太會買」、「太誇張」。

我的大學購物狂時期，當時完全沒有意識到自己這樣爆買有什麼問題。

CHAPTER 01

我如何從購物狂
變成極簡主義者

驚覺，爆滿的衣櫃和房間，一點都不美

現在的我，則是在社群媒體上推廣「極簡主義」的倡導者，身邊所有人都詫異我的改變，而改變的契機，要追溯到我在瑞士當交換生、結束學業後準備回台灣所受到的刺激，也就是收拾回國的過程，讓我的價值觀發生了出乎意料的轉折。

當時還在歐洲讀書的我，旅遊在各個時尚摩登大都市，一貫的逛街購物，一貫的計畫自己的敗家行程。我買了各款快時尚耳環、以前從沒嘗試過的知名品牌T恤、第一和第二支的專櫃手錶、精美的陶瓷餐具、萌萌的絨毛娃娃……等等，實在列舉不完，說出來只會讓人感嘆「啊～她好多閒錢！」、「過得真爽！」。但當面臨回台之際、收拾打包行李的時候，這一年累積的林林總總，根本不可能塞進32吋的行李箱裡，本想利用國際郵遞運送，但不論航運或海運，運費驚人到根本就可以把那些東西都全部重買過，但很可能買不到那時所擁有喜歡的樣式，因此就完全不考慮國際郵遞了。

儘管我挖空心思節省空間，例如使用壓縮袋，或者把物品拆解化整為零，還是都塞不下，最後不得不面對的現實是：如果不放棄一些，我根本別想回家了。

當時我不捨的程度，竟然還奢望能把我買的窗簾和床包也一併帶回家！別笑，想當然是天方夜譚，但那都是我愛不釋手的心肝寶貝啊！

媽媽非常訝異我居然花費這麼多錢投資在「只生活一年的空間」，她要我做出取捨和放下無謂的執念，試圖說服我「帶不走已成定局」的事實，要我開始「斷捨離」。

於是，「斷捨離」這三個字就在我心中埋下了一顆種籽。我在瑞士的住宿房間

只待一年、不到兩坪的瑞士小房間，東西爆滿又凌亂！

CHAPTER 01

我如何從購物狂
變成極簡主義者

也不過才兩坪大，當再度環視這原本以為很療癒的空間，突然有種如夢初醒的覺悟。

仔細看著散落在衣櫥和床上的衣服；東吊在門把、西掛在牆上的包包；還有更多堆放在各個角落的飾品和雜物，真的感覺一切都亂透了！原來，我一直生活在爆滿和凌亂之中。

我突然覺得自己好狼狽！

為什麼我要被逼著做選擇、被迫淘汰想保留的東西？懷著沮喪的心情，我上網查了媽媽所提的「斷捨離」，隨意瀏覽幾支 Youtube 相關的影片。印象中，影片裡的人們屢屢提到「**練習脫離對物品的執著**」，這是我人生中第一次聽到這種說法，雖然還搞不太清楚具體涵意到底是什麼，但最起碼我對「斷捨離」這個詞顧名思義，以及隨著回台灣的時間越來越近，不得不採取行動、打起精神來面對事實：「好吧，不能全部帶，那哪些是一定要帶的？哪些可以不要？」

這是我首次嚐到「不得不取捨」的滋味，我花了好幾天的時間猶豫不決。那是我第一次認真思考每個物品對自己的意義和重要性：為什麼有些東西不需猶豫就可以決定要或不要，而有些東西明明很少用但就是捨不得？有些物品憑什麼成為我優先留下的選擇？

雖然那時「斷捨離」雖然已經讓我留下了印象，但我還沒有完全開竅，幸好這個初始的概念有助於成功地打包好行李。

還記得離開瑞士那天，總共帶了三大箱兩大袋，先是踉蹌地拖了十分鐘去車站，就已經滿身大汗了，再費力地把它們抬上火車，等到機場時再搬下來、扛上機場的行李推車，在航空公司櫃台 check in 時還忐忑不安，怕會超重。經過十六小時的飛行，回到家時，那七十公斤的行李已經把我折騰得精疲力竭。

「哇！終於把這些猶豫好久的東西帶回台灣了，太爽啦！」

……哈，哈，哈，才怪！殊不知，那是另一場惡夢的開始。我家中的房間原本就塞滿「一年沒用的東西們」，在歐洲的這段期間，它們還是不增不減地待在那裡，現在又多了三大箱兩大袋、一共七十

這是當時從瑞士打包的70公斤歸國行李，一共三大箱加兩大袋。因為很堅持要將它們全部帶回台灣，所以一路上移動、搭火車、登機等等，非常辛苦也很手忙腳亂。

公斤的歸國行李，我的房間就像是已經滿載的捷運車廂，硬是要再多擠入一群人馬的感覺。

就算整個房間是粉紅色的夢幻色系，但那時候看起來，就像是住著不會打理生活的邋遢女孩。**雖然感到無力又煩躁，但我開始明白一點：「整理房間，勢在必行」。**

那股在歐洲篩選打包的勁頭又起來了，我一邊收拾房間，一邊放著「極簡主義」和「斷捨離」相關的影片和報導，腦海中不斷想像「經過極簡之後」的理想畫面——乾淨簡單、卻富有質感的空間，沒有任何雜物散亂在房間裡！這些都激起我無限的嚮往，成就後來脫胎換骨的原動力。

明明是粉紅色的夢幻房間，東西卻多到需要堆在地上，毫無夢幻可言。

原來，
我不需要、也用不到那麼多

儘管對「極簡」還抱著懷疑，但這樣的概念與風格真的震撼了我，那種清爽、乾淨、單純、簡單的形像，讓我既羨慕又好奇：「這真的有人住嗎？」、「這真的不是樣品屋嗎？」。

我的極簡啟蒙導師是一位住在澳大利亞的 Youtuber——Evonne，從她一系列分享極簡歷程的影片中，最觸動我的是這句話：「美好的生活是不昂貴的。」第一次聽到這句話時，我感受到心臟像是被重重地搥了一下，霎那間顛覆了我的全世界！

一直以來，我都認為「美好」是可以被價錢和數量定義的，多數社群媒體所營造出來的氛圍，竟和這句話完全背道而馳，大家都拼命地炫耀自己所買的潮貨，以致於一般人對消費的渴望，隨著這樣的帶動越發強烈，好像大家都一起掉入了不滿足的陷阱裡，卻渾然不覺。不光是價格越來越超出自己所能負擔的範圍，需求和羨

CHAPTER 01

我如何從購物狂
變成極簡主義者

慕等虛榮的情緒也隨之漲大。

對比永無止境的物欲，這句「美好的生活是不昂貴的」像是一片藍海，讓我從物欲的洪流中得到救贖！網路上所看到的「極簡照片」，完全不會讓人覺得可憐、無聊、或窮酸，反而帶給我更多的平靜、和諧和舒服。俐落的房間裡，該有的都有，需要的也一個都沒少，非常的井然有序，但又不是那麼的死板、龜毛、毫無活力，而那些極簡主義者從容優雅地享受在清淨的一方——真是太美了！這不是就 IKEA、無印良品、北歐居家等風格會大肆流行和興盛的原因嗎？他們的家具和日用品數量，就是那麼的「恰到好處」。

從那時候開始，我像是完全變了一個人，本來在街上會不自覺地流連在服飾店

第一次認識極簡主義，就深深被震撼！乾淨簡單卻有質感，像極了我夢想中生活該要有的樣子。沒有任何雜物散亂在房間裡的感覺，光看就好舒服，也因此讓我萌生改變的想法。

的展示窗前，現在只想奔回家繼續整理那些堆埋在深處的衣服，或是回收掉幾雙根本不會再穿的潮鞋。

「有這麼多東西，似乎沒有比較好⁉還是說，反而更不好⁉」沒想到回國後的僅僅一個月內，「極簡」就成為了我人生的核心思考。

Youtuber Evonne 所提倡的「減法生活」，像一記當頭棒喝，敲醒了我，不再沈迷購物，而是讓自己活得簡單和輕鬆一些。我開始意識到，原來不需要這麼多「我以為我需要」的東西，過去那些囂張的購物欲，就拋到千里之外吧，我的當務之急，就是減少自己過多且無用的「所・有・東・西」。

CHAPTER 01

我如何從購物狂
變成極簡主義者

當時開始瘋狂的整理，每天都花幾個小時在面對這些雜亂。

現在，我活得更輕鬆、更喜歡自己了

歷經了兩年斷捨離的實踐和極簡主義的洗滌，我的物品量漸漸達到了一個剛剛好的七分滿狀態。

在開始大丟特丟、大賣特賣的那段期間，我歸納出幾種最容易被捨棄的物品類型，它們似乎形成了一個清晰的輪廓，在告訴、提醒我：「我不是妳所需要的，以後不要再買我了」。

每個接觸「極簡」到一定階段的人，都會有「越來越了解自己」的感覺。大家是否同意，買東西買到最後，會越來越清楚自己想買什麼；很神奇的是，丟東西也是！你會漸漸清楚你喜歡什麼、不喜歡什麼；你需要什麼、不需要什麼。

我開始對所憧憬的生活有了一個全新的定義，漸漸放下對物品的執著，漸漸生活在我習慣也喜歡的環境之中。原來沒有那麼多欲望，就不會有那麼多非買不可的打折商品！斷捨離短短數週，我感覺自己過得越來越輕鬆，於是也更讓我確信，原來我的價值和魅力，其實不必被這些身外之物給束縛。

或許現在的你，不覺得自己可以清楚分辨到底什麼叫喜歡、什麼叫需要，面對雜亂無章的房間，也不知道該從何下手去收拾和斷捨離……別急！要開始簡單的生活，不可能只靠一個下午埋頭苦幹的整理或大丟特丟就能完成，想想過去，我們可是日積月累、花了好幾年的時間才把家裡的空間填滿，相對的，現在也需要花上好幾天、甚至好幾個月才能達到簡化。

「簡單生活」只是一種生活方式，不一定要到極簡、不一定要到空無一物才是終極目標，也就是說，不要以為必須「什麼東西都沒有」才是實踐極簡。在調整生活的過程中，要隨時以「自己」為中心，「怎樣的」感覺是自己最舒服、最順眼、最嚮往的，那個「怎樣」就是最好的。

接下來的章節，我會分享自己的心得和經驗，希望帶著有心想要開始啟動簡單生活的你，用超有感、無負擔、無壓力的方式循序漸進；從改變你對「擁有」的心態，慢慢找到最適合你的生活方式和風格，希望能讓你體驗到「少即是多」的輕鬆。

CHAPTER 02

選擇簡單的生活風格，絕不只是「開始丟東西」

首先，你得知道自己為什麼「一直買」？

購物當下的心情是什麼？慾望從何而來？

前文提到，在我不經大腦瘋狂購物的大學生涯，主要起因於「想要被注意」和「虛榮心」。還有另一個原因是，在國中時，我並不是個會打扮的女孩，家裡也並不重視外在的裝扮，認為衣著夠用即可，對於我想買好看、流行一點的衣服鞋子，媽媽總認為沒有必要。

實用且夠用就好的觀念我也十分認同，但當時我讀的學校班級，同學很愛談論這些外在物質的話題，學校不必穿著制服，更是加重同儕之間的比較心理，而我「樸實」的穿著打扮，常遭到他們的嘲笑和戲弄，這讓青春期的我開始對自己的衣著感到不自信，也讓我對自己的外在產生濃厚的不安全感。

以前投資了絕大部分的錢在治裝費上，連耳環、飾品等也是數十副。只要看到心動的、當季流行的，我就會想要買，且不會特別思考搭配性或適不適合自己。

於是，一旦學會用網路購物之後，我開始背著父母親偷買新衣服，但因為深怕被發現，所以內心總想著：「沒關係，買給未來的自己穿。這樣以後上大學就直接有好看的衣服了！」我甚至曾穿著平常的衣服，但帶著一套自己偷買的出門，在和同學見面前換上，回家前又再換回來。

而上了大學、脫離家人日常的視線後，我終於有自由購物的機會，以前越是壓抑、被取笑，後來就越是想要證明自己也可以很漂亮……。在當購物狂的日子裡，我並不重視物品能帶給我的真正價值，也沒多想物品本身的質量，只在乎有沒有打扮成別人會給予讚美的模樣；我買更多的是當下的憧憬、付錢的快感、以及擁有後的虛榮心，就像在證明給誰看一樣，用購物來補償我以前被嘲笑的困窘，消弭小時候的自卑。當時我把打工薪水、比賽獎金、書卷獎金、網路上賺來的收入，全部投資在外表打扮上，成了一個不折不扣的月光族。

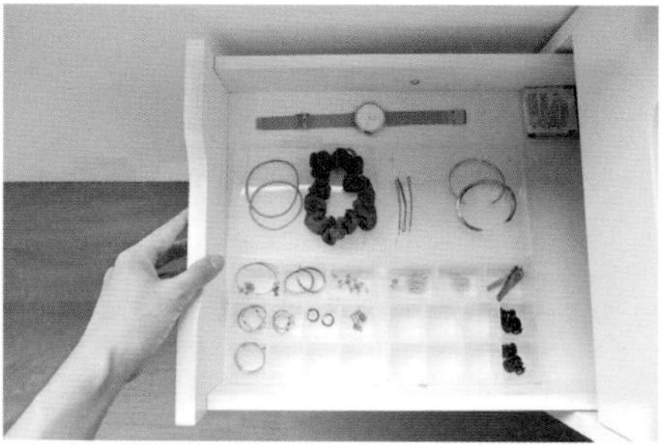

如果有好好思考需求的話，其實我最常穿戴的飾品，連一個盒子都放不滿。好好審視自己的喜好和需求，會發現有太多的購買都太過草率和衝動。

一邊斷捨離的過程中，由於一邊反省自己為什麼總在衝動購物，後悔錢都亂花沒好好存起來，思考為什麼會如此不理智，才發現原來促使我「一直買」的根本原因，是想要用這些物質的東西，來證明自己其實可以很好看。

很多的購物經驗，未必是來自我們那麼喜歡，或是「非要它不可」的理由。好比「想要買某某物來犒賞自己」，這樣的想法也許誰都有過，也是我們習以為常的自我獎勵。但我們真的喜歡這個產品嗎？犒賞之下買的東西，是買當下的快樂還是真正的需求？這份犒賞的幸福感可以延續多久？

這些問題也許讓你感到麻煩或認為根本就「想太多」，但這有可能就是長期造成家裡東西過多、滿是雜物的根本原因。我們要找出為什麼會「擁有」這麼多沒有在使用、或其實未必那麼喜歡的東西，進而抽絲剝繭，找出自己的慾望是從何而來、找出買不停的真正主因。

【 CHECK 】

看看現有的物品，先問問自己

- ○ 是真的喜歡產品的本身嗎？
- ○ 因為別人大力推薦嗎？
- ○ 會不會是出於嫉妒、羨慕、或比較心理？
- ○ 會不會是虛榮心作祟？
- ○ 是不是心底的不自信？
- ○ 是否盲目追求流行，其實並不適合自己？
- ○ 是本來就想要買嗎？還是看到廣告後被推坑？
- ○ 是當天太無聊，習慣購物隨便買的？
- ○ 沒有為什麼，就是想買？（那為什麼會有這種「就是」？）

只是想看新影片和朋友近況，卻手滑下單了

我可以很肯定地說，如果我們迴避所有社群、購物的訊息，你的消費慾望一定會大幅下降！而這也絕對會是「眼不見為淨」的最好例子之一。只可惜，現在的廣告到處充斥，就算刻意迴避，有時也難逃廣告訊息的無孔不入。

社群是怎麼影響我們購物的？舉我最常用的三大平台：Youtube、Instagram 和 Faecebook 來說，今天明明是想要滑滑看喜歡的 Youtuber 有沒有更新影片，結果正好因為結合業配，所以你突然就心動想買某牌專櫃保養品；明明是想要滑 Instagram 看看朋友的限時動態，但中間穿插地表最強保暖衣的廣告，正好今天天氣涼涼的，所以也順道點進去看；吃飯無聊點開 Facebook，又發現朋友轉發了抽獎好康，點進去發現社團賣的韓貨不但投你所好、還正在打折優惠！於是忍不住多逛了兩圈，且為了湊免運而多下了三件衣服的訂單……。

明明最初只是想看 Youtuber 的新影片、想知道朋友的近況、想瀏覽一些新消息，但結果處處都碰到燃起購物的欲望火苗。

當然，我們很難做到不使用社群軟體而與世隔絕，廣告一定會在我們開啟網路的那一刻就如影隨形。但若是真心想要調整過盛的購物慾望，我們能做的，就是戒

掉常逛的購物網站，試著把它們移出「我的最愛」和「書籤」裡。大半的商品，基**本上只要不看，就不會想要，甚至不會知道！**

我逐漸發現打中我的廣告，大多是因為我羨慕照片裡模特兒的身材體態、精緻的妝容、水嫩光滑的皮膚、住在有質感又有設計感的房子，坐擁歐美式的生活和飲食方式。在斷捨離大量的物品、播放著極簡主義的影片的同時，才漸漸發現到「我**不是因商品心動，而是被照片中的氛圍狀態所觸動**」。

說來丟臉，但社群就是這樣影響我的，無意間傳遞出「房間不夠有氣氛，是因為少了這個香氛蠟燭」、「身材不夠修飾，是因為少了這件顯瘦的壓力褲」、「自信不夠，那試試這支新品口紅」、「魅力不夠，噴噴看這款白玫瑰淡香水」、「料理不夠好吃，氣炸鍋讓你一秒變廚神」……。講出來好像變得矯情和誇張，但社群廣告營造出的形象，就是不斷在讓我們誤以為「有了這個商品，就可以過得更好」，以及「你現在不夠好，就是因為沒有這些東西」。

很多人都默默的被物質給迷惑，在資本主義下，商人已經很習慣煽動、引起消費者覺得「好便宜、潮流好物、快點買、限量、我買得起、犒賞自己、買了就會好快樂、好幸福」……等等的假象，我們不但容易變得非常物質，而且我們已經默默地相信，買東西＝買到快樂。

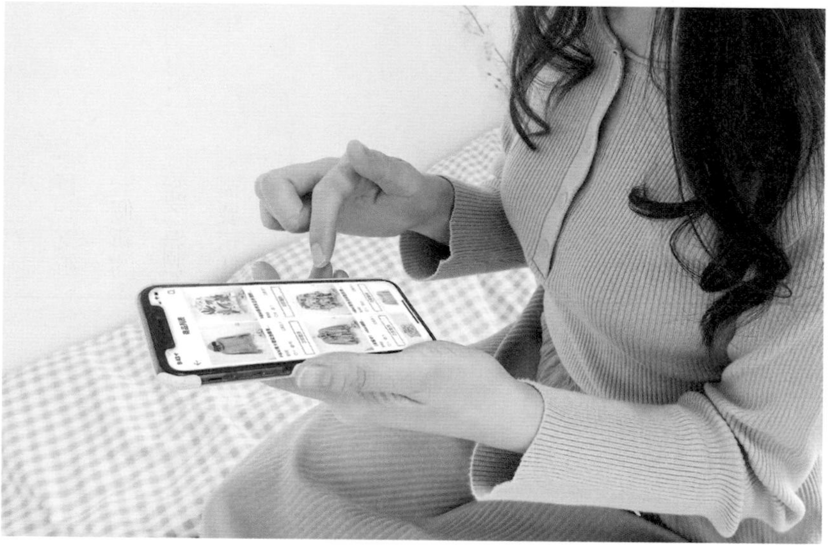

這個時代默默的讓所有人「渴望更多」，廣告潛移默化的洗腦，讓我們瞬間就忽略了現在的好，忽略了現在有的一切，轉而把重心全放在那商品架上的東西，激盪起不必要的購物慾望。

Netflix的紀錄片《極簡主義：紀錄生命中的重要事物》（*Minimalism*）就有一個讓印象深刻的例子：現在有一支新手機推出了，你很想要，而且買了之後覺得快樂極了！但一年後又推出了一個新的版本，於是你現在手上這支，已經成了「舊的版本」。所以呢？現在不但想要這個新的，去年的快樂，反而成了你現在不滿的根源。

廣告不斷製造出「你需要這些東西」的假象。現在你的日子過得好好的、開開心心的，但很多很多的廣告一直在釋放「有了它會更好、一定會更棒、那就是理想生活的必須品」……等等的假象。我們不得不承認，在沒有建立穩固的理性購物觀念之前，真的會無法自拔地陷入這種迷思中，這是整個資本主義大環境下堆疊起來的，也是造成「一直買、一直想要、一直欲求不滿」的真相之一。

如果想要主動逃離這樣的陷阱，減少被物質慾望煽動，雖然可能需要一段時間去適應，但「眼不見為淨」這招還是管用的！沒看到，就不會知道、不會想要、不會想買。試著刪除或取消追蹤那些會讓你心癢癢的APP和網站，那不會讓生活變糟，因為你本來就過得很好！換句話說，那完全不會影響你的生活，當需要購買任何東西時，在已經如此便捷迅速的網路世代，只要Google一下，肯定還是可以找到需要的資訊。

「捨不得」、「還可以用」，就是一種浪費！

大部分的台灣家庭都有很好的飲食文化，好比教育小朋友食物要吃光、外食吃不完可以打包等等，充分體現我們愛物惜物的美德。你的家裡是否有過多的紙袋、沒在用的贈品筆、成堆的廢紙舊書、空瓶空罐、學生時期的教科書、不再穿的衣服、不確定是否壞了的家電、搞不清楚功用為何的３Ｃ電線、放很久但從沒用過的新物品……等等。列舉這麼多的意思是，「捨不得丟」背後的主因就出在「過度惜物」。

我們一直以來都習慣加法生活，東西一旦進入我們的生命裡，就好像很難再與它分開。儘管已經有一百個紙袋了，但新到手上的這個又新又精美，感覺未來送禮可能會用到，於是便沒有察覺到「已經有的紙袋」數量多得驚人，其實應該先減量一些比較不適合的；儘管知道有些贈品筆並不好寫，但礙於還是能用，所以姑且就先放著。

保留愛惜所有能使用的東西，是很好的美德，但過多的囤積和習慣保留，就會導致家裡空間逐漸被佔滿，築起一區又一區的雜物堆，讓常用的東西受到排擠，嚴重者甚至會影響生活舒適度和行走動線。我在極簡一年後，去上了一堂整理的相關課程，老師指出這樣的堆積和「過度惜物」，只是變相去維持那些根本不會用、也

**選擇簡單的生活風格，
絕不只是「開始丟東西」**

當時覺得好看、會用到的東西，後來真的有用嗎？真的需要這麼多嗎？還是在你用到之前，它就已經變成一個佔空間的垃圾呢？

其實不想用的東西，其實會耗費更多的時間與空間。

舉我家過去的例子吧，不知道哪裡來的一箱養生茶，但沒人想喝，於是一放就放了五年！五年當中，這箱茶一直佔據家裡的收納空間，耗費我和媽媽很多心力去整理抽屜、騰出空間，最後又因為沒察覺到過期，無法硬喝下肚或再次轉送，最終以丟棄收尾。

與其花費心力，不停去維持和打掃那些長年不碰的東西，不如好好的面對，一口氣把它們送、丟、賣、捐、回收，做一個更好的處理。「浪費」其實可以有不同的解讀，實體的浪費往往會被正視，而無形的浪費，好比時間、心力、情緒，則往往都會被忽略。原生家庭帶給我們的生活方式，我們不一定要延續下去。下次，當家裡紙袋囤積數量來到了第一百零一個，就要警覺，再多下去不會帶來美好，只會帶來困擾！適時明快地處理，才是上上之策。

Column

「超商取件」太便利，輕易養成購物狂！

台灣網購的便利性，可以從很多方面體現出來。眾所周知，台灣有許多大型綜合購物網站，可以讓你在一個網站就買到所有需要的商品；代購、批貨等個人品牌和商店，也都有相對應的平台。

購物手段愈方便，愈容易衝動購物

以送貨速度來說，我們有24、12、6小時的快速到貨時間可以選擇，還有大多數國家不可能做到的「超商取貨」、「店到店服務」！這些種種的便利，都讓購物變得更方便、更輕易，**更容易落入「衝動購物」的陷阱裡**。

我國中的時候，太想要實現穿著流行的願望，偷偷背著家人用零用錢買了好幾筆網購。這要不是有便利的「超商取貨付款」，根本不可能辦到！如果選擇

「宅配」，當年的我勢必要去攔截送貨員，風險太高也太難了！而且很多宅配沒辦法搭配貨到付款，那個年紀的小孩子又通常沒有信用卡可以使用。

各位父母知道嗎？大部分的孩子或多或少都有自己偷偷網購的經驗，把存到的零用錢，買了一個爸媽不希望孩子購買的商品。很多人應該也有背著另一半偷偷購物的經驗，也最有可能選擇超商取貨。因為超商取貨及貨到付款的便利服務，不容易被家人發現，無需本人簽收，就容易促成購買，但同時，這也是促成許多慾望產生的源頭，如果沒有這項選擇，其實很多的衝動購物會因為不便、或怕被發現而打消。

這就是網購和超商取貨「便利」和「衝動購物」的兩面刃，好和不好並存。

省小錢、花大錢！「湊免運」的陷阱

以前我和某一群朋友可以說是非常討厭出門，也不喜歡在實體店面購物。

原因之一：一家家店面去逛去找很耗損體力，且未必能找到合適的商品，而用電腦逛街則可以快狠準搜尋，相較之下較為省時省力。

原因之二：許多銷售員往往會給消費者很大的壓力，每當試穿、試用時都要被投射「關愛」的眼光，不少人其實是會感到非常不自在和尷尬的。

總之，網購成了許多人最愛的購物方式，而當購物變得如此方便，使用頻率就**會越高，當購物慾越容易被激起，商人就會發現越來越有利可圖，設計更多讓你掏錢的陷阱**，而消費者當然也就越來越難理性。

我在斷捨離的過程中，才逐漸發現到為什麼網購會容易過度消費，和促使我們購物慾望越來越烈、房間也越堆越滿的原因。

網路購物容易讓人忽視和妥協許多現實。就好比看到模特兒的超美意境照，會說服自己的身材也可以穿S號（其實應該選M），也容易因為照片的氛圍，接連忽視「不適合自己風格」這個事實。「適不適合」包含了要考慮每個人對材質的偏好、版型身形的契合度、個人風格、衣櫃搭配性、著衣習慣、當地天氣……等，後面會再向大家仔細說明。

說來難以相信，但我們的確常常在購物的時候，做出很多妥協！好比說，網站突然來個免運活動，就會因為想要省下六十元運費，進而讓人更不假思索地加購沒有那麼需要的其他商品，很多人的理性會在「免運」的誘惑下動搖。拾回理性後才驚覺為了省小錢反而花了大錢。雖然是多擁有了一樣物品，但事實上你並不需要它，且根本不是原來想要購買的東西，也壓根沒有那麼喜歡它！「湊」免運這件事，正是過度消費的陷阱之一。

感覺上，六十元運費不是什麼大錢，應該說，多花差額所湊來的免運商品，也多不是什麼大錢！而就因為是小錢，所以如果買錯尺寸，或是花樣稍不滿意、東西

以為省下小錢、其實卻多花了錢買了根本沒這麼想要的雞肋商品；買了之後捨不得丟，於是就繼續堆放，直到下一次大掃除時「換個地方擺」，或是終於願意丟掉，但又背負著「好浪費」的罪惡感……這些心理負擔和佔據空間的不悅，早就超過當時省下的60元運費了！

稍嫌雞肋，人們也容易懶得去申請退換貨，所以就選擇冷處理或自認倒霉，默默地塞進衣櫃深處。

加上這時，因為物品已經到手了，已經放進你的生命裡了，就又回到上一段落所分析的「惜物心理」，一旦擁有了就很難放手，開始產生很多「那就留著吧」的理由，說服自己總有一天會穿到、用到，因為它還是有某些個不錯的優點，企圖催眠自己、免於面對「丟掉即浪費」的罪惡感，且堆放在角落也無傷大雅。

「湊免運」不僅是過度消費的陷阱，也導致你身邊增加愈來愈多「沒那麼需要，也不那麼喜歡」的物品，形成一個「濫買↓惜物迷思↓累積物品↓繼續濫買」的惡性循環。

成功的斷捨離，要先問自己兩個問題

問題1 是真的想減少物品？還是喜新厭舊？

我剛開始執行斷捨離的時候，心中純粹是嚮往極簡生活的簡單輕鬆，並不知道這個生活方式早已在國外盛行多年。有幾位路人甲乙丙，以看好戲的心態回應說：「妳那麼愛買愛跟風，現在極簡、斷捨離也是在跟風、製造話題吧⁉我看妳能維持多久～」。雖然被酸民這樣回應心有不平，但我大約在一年後才知道「跟風斷捨離」是真的存在的，這股熱潮逐漸在台灣的社群上吹起新話題。

這股風潮下，似乎人人都在標榜斷捨離，但很少人能了解其真諦。「斷絕不需要的東西，捨棄多餘的廢物，脫離對物品的執著」，是斷捨離的原意，但我發現到，很多人在「丟了半個衣櫃」、「扔了一半的化妝品」、「狂丟一百公斤」後，其實真正的心態是「耶！又有新空間買新的了！」。

在這個物資過剩的世代，丟東西就像是一波新熱潮，人人都在挑戰和嘗試。雖然會在丟的過程中有所反思（確實會幫助我們更認識自己的喜好和所適合的物品），也赫然發現以前怎麼那麼會買，進而和地球說聲抱歉、自嘲真的太容易失心瘋、下次不敢了……云云，但若非以「想要重新打造理想生活空間」和「想要減少物品數量」為目標，非常容易故態復萌、重蹈覆轍，因為這只是「以丟棄之名行汰舊換新之實」，對改變生活型態並無實質的幫助。

要徹底的讓生活變得有秩序起來，不會過了三、五年後又再一次「斷捨離挑戰」，就必須更理性和謹慎的看待每一次的購買。我們必須捫心自問：是真的想減少物品堆積，讓生活過得更輕鬆呢？還是只是因為喜新厭舊，想要汰舊換新？你的心底是想要把過去流行的東西全扔了，換成最新一季流行的嗎？這些都是在開始丟東西之前應該釐清的事情。

這麼說來感覺十分嚴苛，好像再買、再購物就與簡單生活背道而馳，但不是的，我們只是在學習如何更理性面對購物慾望，還有「學會維持」而已。畢竟想要斷捨離的人，出發點無非是感到生活一團混亂，櫃子、桌子，甚至地板永遠處於爆滿的狀態，受不了堆滿滿的各個角落，才因而想要嘗試這樣的生活吧！我並不認為有人會喜歡「定期斷捨離大挑戰」。

所以，為了防止再次掉入無限「斷捨離挑戰」的輪迴，最好的辦法就是先確認自己是發自內心的「想要改變生活！」，下定決心的願意嘗試簡化自己的物品量、調整購物習慣，一定會幫助我們更好的維持簡單生活。能夠這麼堅定的說，就是因為我發現多數成功的實踐者正因為如此明確，才能使「簡單生活」輕鬆維持至今，一路堅持下去。

丟完東西之後，你是選擇維持下去，還是再買新的物品填滿空出來的空間呢？

如果按照以前的購物模式，再多衣櫃也不夠，斷捨離只會成為換季時汰舊換新的模式而已。

問題2 了解自己是真的不需要，還是只想為了丟而丟？

開始在網路上分享我的心路歷程之後，我每天都會收到無數篇像作文一樣的私訊和留言。有太多人被「減法生活」給啟發，像是一記當頭棒喝，突然開始審視自己過去暴走的消費行為。每當有粉絲興致勃勃地和我分享心得，拍下今天斷捨離的「戰績」，並激動的想要趕快把生活重新整頓起來，我都替他們感到非常開心。

不過「極簡生活就像減肥一樣，羅馬不是一天造成的」，會堆得水泄不通，都是我們過去長年花大把銀子養出來的，恢復秩序一定會花上不少時間！

許多人會來諮詢我的建議，例如「紀念品該不該丟？聯絡簿該不該回收？無用的禮物可不可以捨棄？」習慣簡單生活的達人會直接告訴你，那些都是身外之物，活在當下就是最輕鬆的方法，可以考慮丟掉。但我認為，最重要的是「不要跟隨別人極簡、不要跟隨別人斷捨離」。也就是說，不是達人叫你丟什麼，你就跟著丟什麼。物品的去留，得要靠自己篩選出來，因為日子是自己過的，別人的意見終究只能是個意見，請絕對不要為了極簡而極簡、為了丟而丟，甚至為了想要快點簡單生活而一時扔得又快又急。

減物最有意思的地方，莫過於「釐清自己和每種物品的關係」！這是我執行兩年極簡生活最有感觸的地方之一，雖然可能速度會慢一些，但當自己去思考：為什麼會選擇丟掉？為什麼會選擇保留？為什麼當時會買下它？為什麼後來漸漸不使用了？為什麼不使用但還是想留著？為什麼喜歡卻會堆在角落？為什麼可以丟得這麼乾脆？為什麼想丟掉的都是這類型的東西？……等等，透過這些反思，你會在整理的過程中有「滿滿的收穫」。你不需要記得以上的所有問題，你其實只要簡單的回想一下，這個物品怎麼來到你的生命裡即可。

我曾經在 Youtube 上分享過，認為「該丟掉畢業紀念冊的數個原因」，雖然說到很多人的心坎裡去，但其中我最喜歡的留言是：「畢業紀念冊是我非常確定，如果現在我丟了，多少年之後突然想翻卻發現沒有了，絕對會非常傷心的一樣東西。」因為每個人所經歷的喜怒哀樂都不同，所以要捨要留，往往也都和個人的生命故事有關，不為了丟而丟的斷捨離，才能更清楚明白每樣物品所帶我們的意義。

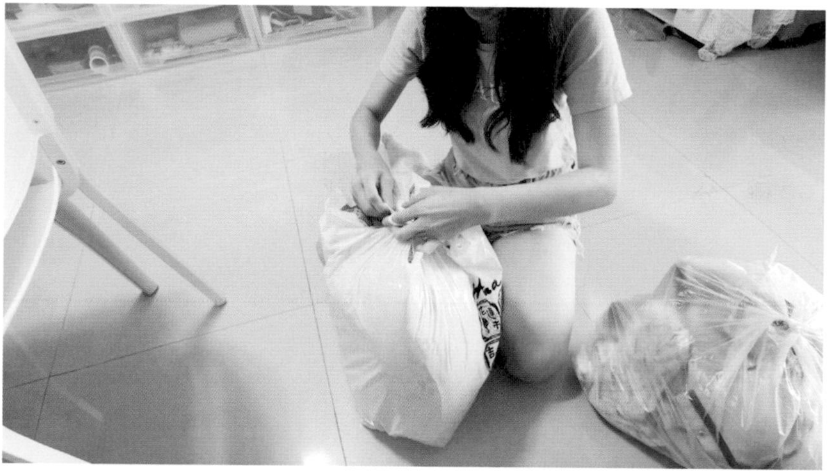

不要因為極簡的 KOL 告訴你「什麼要丟」、「這個不需要」，就照單全收喔！我的建議當然也一樣。想好這個物品對現階段的你來說「有沒有正面的效果和幫助」，而不是硬要把衣服減少到 20 件、把玩偶全部捐掉或是把全部的書都賣給二手書店。畢竟每個人的人生經歷不同，減物應該是要讓你的生活變好，而不是因衝動下帶來任何遺憾的。

斷捨離的過程，是為了找到適合你的生活

我偶爾會收到網友們評論我的生活「不夠極簡」，這其實曾對我帶來不少的迷茫和困惑。怎麼樣是夠極簡？怎麼樣才能稱得上是一名極簡主義者？我憑什麼去教別人斷捨離？教別人脫離購物慾望？

不是東西越少、就越符合「極簡」

就如上一段落和大家分享的：「沒有人應該告訴你什麼該丟、什麼該留」，所以也「沒有人可以評斷誰擁有太多或太少」。我們可以聽取別人的意見，但我們更必須遵從自己的內心。

知名極簡主義者 Matt D'Avella 和大家分享自己的膠囊衣櫃，因為不想煩惱每天該穿什麼，所以準備了十二件相同的黑色短袖T恤，同樣的運動短褲也有六件，其他三件休閒襯衫也是差不多的款式，只是不同顏色罷了。我想這是很多人因誤會而卻步極簡生活的原因，對於享受打扮的人來說，天天穿得一模一樣，簡直是毫無樂趣！就我而言，十二件不同的上衣，可以玩出不同層次的重複穿搭，不僅能讓我享受打扮的喜悅，也一樣能感受簡單生活帶來的美好，不必被數量綁架。

對於一個常常出席演講、活動的名人來說，擁有五十件衣服可能是對她的職業和生活最平衡的數量，但對於一個朝九晚五、面對電腦的上班族來說，可能三十件衣服都稍嫌太多。**我們最該檢查的，不是表面的數量，而是確定你的所有所用，都能為生活帶來益處和效用。**

我們不需要急著在一、兩天內，甚至一、兩週之內就達到巨大的改變，許多人回到家，看到的是亂堆亂放的衣服、東倒西歪的書、沒有任何擺放秩序的冰箱，難免都會感到心煩意亂。接下來的章節會告訴大家，怎麼篩選出生活用品中的「菁英」。

各位可能花了二十年過「加法生活」，所以現在要花二到五年漸進式地改善，是很正常的。請不要著急，我知道會關注這本書的人，應該都有很強的行動力想把居住空間來一場大改造。但這是一場長遠的馬拉松，要追求的不是「一夜之間丟了好多東西的大變身」，而是如何將生活中的物品變成需要且舒適的組合，最後內化成長遠的生活習慣，輕鬆維持一輩子。

我花了兩年，才把 20 個包包簡化到 3 個，我比較喜歡循序漸進的觀察自己適合什麼，慢慢決定物品去留，如此一來也比較不會發生丟錯而後悔的小意外！

花點時間找到適合自己需要的量，才是最終目的，不需要過分糾結擁有的數量多寡，或丟得太快太急。

極簡生活，其實是「善待自己」的決心

我很喜歡的一名 Youtuber 兼極簡主義者 Sarah Therese，她是一位有三個孩子的加拿大媽媽，是她的影片讓我清楚發現，不論是怎麼樣的身份：為人父母、上班族、單身或有伴侶，只要我們想要，任何人都可以實踐、貫徹簡單生活。

Sarah 會定期觀察自家中什麼東西沒有在使用，若沒有帶來效益，就會選擇斷捨離。她也不會輕易購物，已經習慣實踐極簡生活的她，雖然知道很多很好用的「哄娃神器」、很多酷炫又火紅的熱銷商品，但如果她覺得現在的生活已經足夠好，就不會感到心動！

好比媽媽們都人手一台的尿布處理器，可以輕鬆解決眾多父母認為有「異味」的問題。但對於 Sarah 來說，隨手拿出去丟已經成為習慣，所以儘管大家都大讚神物，她仍理性認為自己不需要這樣的商品。

每當 Sarah 剖析自己的購物觀念和消費動機，都會一再強調：「我的選擇，不可能適合所有人。」

有時我會收到年輕媽媽的私訊，告訴我「有了小孩就不可能過極簡生活，因為照顧小孩所需要的東西太多了！」像是同事在閒聊之間常會討論哪樣「神物」超好

用，就會瞬間推你進入「認為自己也需要」的漩渦。

總之，「簡單生活」是要回歸且檢視自己當前生活的種種所需，只留下需要的部分，而在簡化的過程中認清不會為了丟而丟、不會為了極簡而給自己龐大的壓力，純粹抱持著想要改變生活、想要照著自己的步調去簡化物品量，並一直維持而成一種舒適的常態，你就會漸漸愛上待在家裡（或是任何你所在且能自己掌控的空間，如房間、辦公室等等）的感覺。而當你喜歡且享受地待在那個舒適的空間裡，恭喜你，你已經達到簡單生活境界了。

不要強迫自己得做到極簡達人「0 雜物」或是「空無一物」，用自己的生活習慣，評估這件物品有沒有「效益」，按照自己的步調簡化物品數量，讓生活更舒適，讓自己過得更好，才是簡單生活的目標。

C H A P T E R 0 3

動手實作！

開始打造你的簡單生活風格

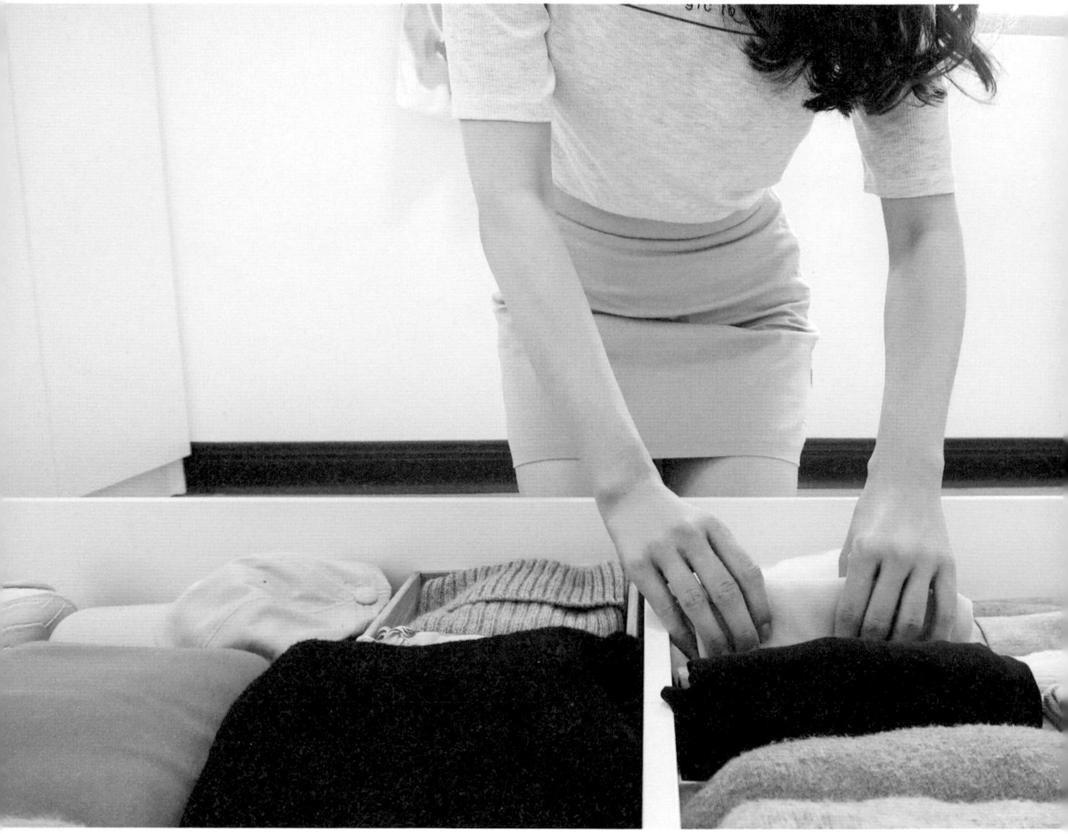

先清出空間，整理和收納才有效率

看到這邊，我想應該有很多讀者已經摩拳擦掌，迫不及待地想開始整理家中物品、或上網訂購收納箱了吧？（相信我，很多人真的會做這種本末倒置的事情！）不過，為了避免你的「整理、收納」，只是把無用的物品排列整齊，等待下一次弄亂的機會，我建議應該先進行「減物」。

你不一定要過「極簡」生活，但可以過「簡單」生活。在這個章節裡，我將帶領你一一審視自己的生活環境，把對於現在生活來說其實根本不必要的東西，一個一個清出來。雖然會多花一些心力去處理這些物品，但很快的，你會有更多的時間、更多的力量，更多的專注，放在更重要的事情上。

或許你未必完全認同，畢竟每個人的生活習慣都太不一樣，不過在檢視的過程中，想必能給你不少「淘汰、放下執念」的啟發。

當然，丟掉這個詞，可以自行替換成「捐贈、二手販賣、回收、贈送……」等等，把你認為還可以再利用、但丟掉好可惜的東西，做最好的處理。

別急著買收納箱收納盒，先清理出不要的物品，才知道該怎麼收納整理減物後的空間。

Right Now!

50件

可以立刻丟掉的東西

衣物（包含鞋、帽、包包、飾品和布料類）

1／超過一年沒穿的衣服

都已經過去一年、四季輪替過一次了，除了只有出國會碰到特殊氣候才需要穿的衣服，不然實在不必留著根本不穿的衣服。

2／有褪色、泛黃，也懶得處理的衣服

襯衫上有泛黃、衣服有發霉的，你既然都不想處理，也懶得漂白，那它堆在衣櫃裡的意義是什麼呢？（吞噬空間的典型代表！）立刻漂白處理，不然就丟了吧！

3／破洞、不成對的襪子

我們都懶得補，對吧？而且想必你已經有很多新的、正在穿的襪子了。

4／變形、鬆了、不合宜的內衣褲

如果是怕胸部下垂，或是「反正就是不穿了」，各種理由都表示：可以丟了。

5／不舒服、會磨腳的鞋子

再漂亮、再美的鞋子，只要痛過、被磨過，是不是真的就再也不想穿了？這雙鞋會

傷害你耶！就不要再覺得可惜了。何況你對它的糟糕印象已成定局！

6／超過一年不穿的鞋子

又過了一年，和「1 超過一年沒穿的衣服」一樣，是不是真的不會再穿到了呢？除非很確定會有個一定會到來的場合，必須要穿到它（好比下個月，好朋友就要結婚了，這雙閃亮的鑲鑽高跟鞋終於有機會登場），不然放越久只會越不想穿、也和現階段流行越差越遠而已。

7／生鏽、泛綠、褪色的飾品

你的耳針、耳柱上面，如果生鏽或有一層綠綠的東西，立刻去處理或就丟掉吧！還沒發炎或感染，真的只是幸運而已。先老實承認，我有在戴的都是新的、狀況好的那幾副而已。

8／超過一年沒有戴的飾品

雖然沒髒、沒壞，可是你都沒戴，是不是表示不喜歡了呢？勇敢承認已經不愛，也是放下執著的一種作為。

9／發霉或是狀況不太好的毛巾

洗澡完後，一定只會順手拿那幾條新的吧？何必留著髒污又不好用的呢？

保養品／化妝品／香氛

10／過期、根本不用的化妝品

化妝台那隻口紅到底幾個月、幾年沒有擦了呢？還有，某一罐粉底液是不是快要過期了（但也許你渾然不覺）？下次記得別再買了，太容易用不完，而且根本不想去注意什麼時候過期。

11／不用的、不會用的美妝刷具

可以想一想，精緻的妝容到底什麼時候才會用這支刷具畫出來？那幾支在冷宮長居的刷子，可能比你畢業後就再也沒用的水彩筆還要雞肋。

12／就是不會用的化妝品／保養品試用包

明明想著出國時可以帶去用，但真的出國的時候，又很怕用了那些沒用過的保養品，皮膚會不適應，平常在家裡也是從來不會想到要用！今天就用掉，或當身體乳擦一擦，不然就直接丟了吧！

13／不再喜歡的顏色、乾掉的指甲油

好幾罐三、五年前流行的顏色，或是根本懶得擦，也可以不用留了，反正留了還是不會用的。不如把這些空間省出來，換算下來的價值都還比你去做幾次指甲沙龍還划算！（記得我們在第二章聊過，無形的浪費也是種浪費嗎？）

14／根本沒在噴、味道其實不喜歡的香水

你都不喜歡這個味道了，就別再逼自己把它用完了吧！看是要當室內芳香劑，還是送給喜歡這個味道的人吧。

書籍／紙張

15／說明書

許多物品的使用說明，應該都可以查 Google 或 Youtube 了。

★在一個特殊原因下可以好好保留，就是以後有很大的機會二手轉賣給別人，那這時候一整組完整配套，就很有價值了。

16／買了卻一直沒看的書

如果想看，為什麼還沒有看呢？「沒有時間」這樣的說法，可能只是沒有這麼想看而已，今天開始看，不然就處理掉。

17／過去的教科書

現在資訊這麼發達，大部分你想要的資料，網路上幾乎都有。若想保留一些奮鬥痕跡的筆記，也可以只留下幾本就好。

18／過期不再看的考卷、講義、學校通知單

除非你是考生，不然這些都只是另一種型態的廢紙而已。

19／實體字典

觀察自己的查字詞習慣，你應該就會有答案。當有網路的那一刻起，網路上的海量訊息，就已經很夠用了。

20／舊雜誌、型錄

除非是特別用來當成裝飾，不然沒有必要繼續關注過去的資訊（尤其很多相關資訊網路上都有）。

21／已經三、五年都沒再翻看的漫畫

除非有特別值得收藏的情感，或是找不到正版的網路版本，就可以考慮處理掉。

22／根本沒在看、再也不看的食譜

有可能是因為你已經有習慣做的幾套料理了，生活繁忙又沒有時間心力去研究新的菜色。食譜放著也不會憑空變出美味料理，還是處理掉吧！

23／不好看的、舊的、不想用的、用過了、用光的筆記本

不想用或是用完了，其實你都「不再使用」，這些筆記本已經如同廢紙。

24／不知道是誰寫的卡片

連誰都不知道，或是記憶超模糊？想必根本不心動了，那就丟了吧！

25／各種你不在乎、懶得整理的名片

都已經不在乎了，就丟了吧。如果很在乎這個聯絡人，也可以選擇存在手機，或透過社群與他聯繫。除非你能肯定自己有整理名片、查找名片的「習慣」。

26／沒有用的收據、帳單

……就丟吧！

從國小到大學的舊教科書，以及準備寄給二手書平台的舊書。

電子（小家電）／通訊3C類

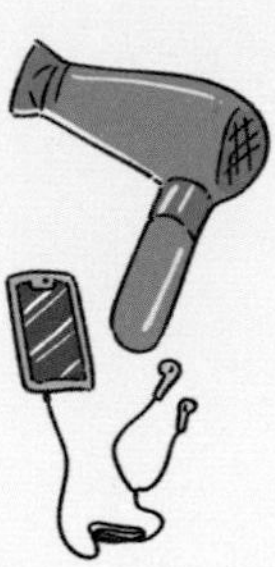

27／壞掉也懶得修的小家電

都已經壞了，平常要用也不能用。若不是今天就送修，不然就處理掉，再放也不會變成好的。

28／不知道用途的電子產品、配件

承認吧！我們懶得研究那些根本不重要、很少用的產品是什麼。很多人其實只要有基本的手機、電腦、相機充電線，隨身碟、ＵＳＢ、記憶卡等等，就夠了。

29／用不到、很舊、已經被取代、不知道也不想測試的電子產品、配件、電線、充電線

嚴格來說，這些就是對你「沒有用處」的物品，趕快處理掉吧！

30／DVD、VCD

除非是很想要的收藏，或是很想要的其他周邊的同捆包，否則很多影音都有數位版本，還能省下一台光碟播放器的空間（請支持正版觀賞）。

31／不用的APP

刪掉吧！真的要用的話再隨時下載就好。手機天天都會看，囤積不用的APP很容易分散你的注意力，也會造成視覺疲勞。

32／再也不想看到的e-mail廣告

就這次勤勞一點，花十分鐘去取消煩了你好幾個月的垃圾訂閱！每次都花一點一點的時間去刪，不如一次解決，一勞永逸！

食品／藥品

33／過期、不知道是什麼的藥

太恐怖了，不要留了！何苦拿自己健康開玩笑。

34／過期、懶得吃、難以下嚥的保健食品

最終只會放到過期，未來丟不如現在丟，還可以清出空間收納別的東西。

35／放了很久卻不吃的食物

我大膽推測，你一定是因為覺得很難吃、不喜歡吃，所以才一直囤著？可以丟了！

但如果是因為捨不得吃，每多放一秒，就失去一秒的新鮮，請盡早享受食物在最新鮮時的美好。

36／過期的食物

太恐怖了，不要再有無謂的眷戀了。

37／已經根本沒在用的醬料、調味料

你可能想不到適合這些醬料的食譜可以運用。

38／根本不會喝的茶葉、茶包、沖調包

再放也不會泡吧？我相信有些已經放到結塊或發霉了。

各種日用品

39／尺寸、造型不合的馬克杯、水杯

每天都要用的杯子，還是留實用、常用的就好。

40／不用的廚房用具

廚房內的任何空間都很寶貴，清出來，可以有效提升在廚房工作的效率。

41／放在浴廁洗手台下面櫃子、不明或不想用的物品

保持清爽乾淨，甚至淨空最好。很多家庭的這個區域都又潮濕又髒亂，請務必徹底的清掃一次，別讓這裡變成「雜物黑洞」。

42／沒有在用的美術用品

沒有在用，何不轉手賣人？很多從事藝術或設計的人，可以讓這些用具發揮更好的功用。

43／沒水或斷水的筆、贈品筆

我知道一一檢查很麻煩，不過只要花個五分鐘，你絕對可以在家裡（或公司）找到一大堆這種筆。

其他

44／不再心動的公仔、扭蛋、娃娃、吊飾

它們被放在那裡，不被你喜歡、也沒有辦法亮相，其實應該也很難受。

45／古老破舊，不想玩、不想碰的懷舊小物、玩具

如果只是想要留著懷舊的東西，偶爾看看、覺得回味起來很懷念的話，其實可以看一下網路的圖片、影片去懷念就好。

46／不知道要幹嘛、不知道怎麼發揮價值的禮物

雖然是誰送的，可是還是要認清現在的自己，根本就不知道它有什麼用處，能帶給你生活什麼效益。

47／其實真的沒什麼紀念價值的紀念品

有些微不足道的回憶，真的不需要透過這些東西來囤積在家裡。

48／沒在用、不想再碰的手工藝、勞作

如果你都不想玩，再放著也只是招惹灰塵，然後一直期許自己有一天會再碰而已。正好可以利用這個機會來認清自己「其實熱情已經消退了」。

49／不知道是開哪些東西的鑰匙

就算等到你需要開鎖，你也不會知道是「這把鑰匙」。

50／任何讓你看了心情不好的東西

剩下可以讓大家自行去摸索了。以上列舉了這麼多，無非都是希望空間乾淨、充滿正能量！也請別忘了，「無形」的囤積也會吞噬我們的好心情，如果訂閱了一堆不會看的 Youtube 頻道，那麼取消關注也無妨；如果追蹤一堆讓你產生羨慕嫉妒的 Instagram 帳號，退追蹤也能讓你滅絕負面情緒的滋生。

告別這 50 種可以丟的項目，除了把空間釋放出來，找回生活秩序，心情也會因為排除掉不需要的物品而感到輕鬆愉快！

篩選、淘汰的物品，讓你更了解自己

我知道很多人與其說是捨不得丟掉，可能更多是覺得「丟掉很浪費」，但又懶得找方法或花時間「捐贈、二手販賣、回收、贈送」，所以才一直堆在角落視而不見。

如果一直這樣下去，是永遠沒有辦法讓生活有秩序起來的！也就更不要說前面提及的那麼多好處：越了解自己、心情越自由、過得更輕鬆、更不被物質慾望綁架，甚至存更多錢……等等。

我知道有很多物品是過去花了不少錢，才慢慢打造出的「現況」。但想要翻閱這本書，並看到這裡的你，不就是因為想要讓生活恢復活力、重新獲得呼吸空間嗎？堆置那麼多「捨不得」，也不會讓人更加富有。「有失必有得」這句話雖然聽起來有些老套，但請相信我，試著從剛才前面列出的幾樣物品開始放下，你一定會感覺到，生活開始有意想不到的改變，並發現為什麼「越簡單、越自由」。

試著想像看看，把不再使用的物品漸漸清出後的房間，是不是光用想的就覺得期待？是不是能感到一瞬間清新、幸福許多？所有不喜歡的、老舊的、過時的，都逐步淡出了你的生活。

CHAPTER 03

動手實作！
開始打造你的簡單生活風格

保持「七分滿」的收納，是實踐簡單生活的入門。

Column

確定不要的東西，有三種處理方法！

當你確定了自己斷捨離的心態，是想要嘗試新的生活、而非汰舊換新或跟風之後，首先遇到的問題，就是「不要的東西，除了丟掉、回收，還可以怎麼辦」。

我在2018年開始斷捨離之後，主要是用這三種方式：

（1）二手拍賣

現在拍賣有很多平台可以使用，無論是衣物鞋包或書籍，用你習慣順手的平台就好。這邊想分享一個當時我在賣衣服的技巧，除了衣物的正面照之外，盡量也提供細節照和尺寸；想像你自己如果買網購，會想知道商品的什麼資訊？就盡量寫上去，可以增加賣出的效率喔。

（2）捐出去

有些東西還可以用、可以穿，但可能不是這麼流行的款式或好賣的類別，這種我就會選擇捐出去。要捐出的東西，請大家要將心比心，是否符合對方的需要嗎？例如想捐出文具用品給偏鄉學童，這些筆確定可以用嗎？是不是根本就斷水、難上色或很難寫之類。或是例如之前捐鞋到非洲的「舊鞋救命」，是要讓赤腳的孩童有鞋穿、避免雙腳直接接觸土地反覆感染沙蚤，那麼高跟涼鞋、麵包鞋、開口笑鞋，就完全不適合捐出去。

（3）丟掉（要做好回收喔）

這個選項評估起來就容易得多了，像是不太能用、壞掉故障、有明顯使用痕跡等等，這種就直接牙一咬眼一閉，通通丟掉吧！不過，你覺得「勉強可以用，所以捨不得丟」的東西，那其實就是該丟了，別以為捐出去可以幫助別人，因為那也是其他人眼中的垃圾而已喔！

進入簡單生活，最重要的是「維持」

而這時候，就來到了我們二度驗證自己是想要「過得輕鬆」還是單純想要「汰舊換新」的時候了。空了大半的櫃子，你會想要重新填滿嗎？還是想試著「維持」，開始享受這份簡單呢？

畢竟前面已經花了大把力氣，把家裡稍微整頓出一個樣子了，為了保持美好現況和減少無謂的慾望，接下來我會提議五十個自己「不再購買」的東西，供大家參考。協助你不再輕易就被廣告的火燒到，防止又重蹈覆轍地添購一堆未來五年、十年後會嫌棄的物品（也就是防止你未來每五～十年，又必須再進行一次大規模的斷捨離）。

斷捨離後的空間，必須非常謹慎的對待任何要進入家裡的物品，如果未來很有可能又成為被丟掉的目標，那麼當初就不應該讓它進來！

我所提議和建議的「五十件不再購買的物品」，是指如果沒有損壞或者是必要需求，不會再購買更多。同「五十件可以立刻丟掉的東西」一樣，大家或許未必完全認同，畢竟每個人的生活習慣都太不一樣；我將以自身的反省和經驗，結合Youtube的觀眾回饋，列舉給讀者們參考。請大家試著套用在平時最容易不理智、失控消費的物品上。

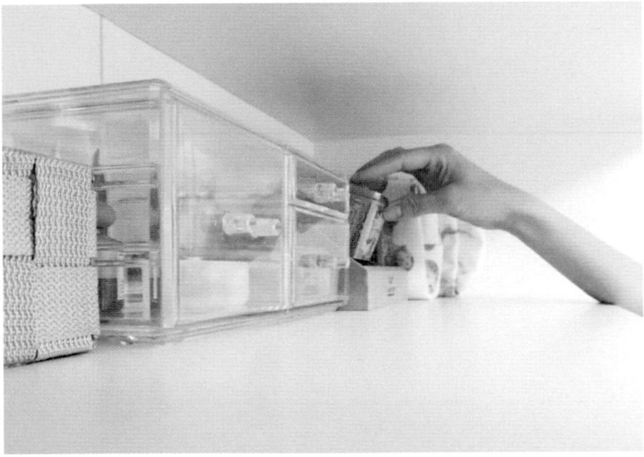

清出了空間之後，接下來的功課就是如何維持住七分滿就好，而不是買新的東西把空間塞滿。

Right Now!

50件

我不再買的物品

衣物（包含鞋、帽、包包、飾品和布料類）

1／潮牌服飾

自從發現潮牌服飾的生產過程會帶給地球嚴重的負擔，還有持續壓榨勞工等議題令人唏噓，更主要的原因是，這些服飾往往不實穿、材質不好、容易縮水或變鬆，時常過了一年半載甚至一個季節，就會迅速退燒，讓你沒有慾望再次拿起來穿搭。正因為流行被淘汰的頻率太快，所以我們總在不知不覺中花了一堆冤枉錢，新鮮感消逝的速度跟新品推陳出新的速度一樣迅雷不及掩耳，最後往往成了塞滿房間的最大元兇。

2／材質不好的飾品

耳環、項鍊、手鍊、戒指……其中是不是有幾副，是因為很便宜所以買的？但買下之後戴了幾次，發現很容易生鏽、泛綠掉漆，最後也越來越少戴。要購買飾品，寧可稍貴一些，買材質好一點且真正喜歡的。

3／各式各樣的包包

我發現自己常背、習慣的包包就是那幾個，好用的包包也是那幾個。有太多包包不但會增加收納空間的負擔，我也懶得在不同包包之間作轉換（尤其換來換去，容易有些東西沒有拿到），所以不如省去這些心力，好好的愛惜固定幾個好用常用的包款就好了。

4／各式錢包

錢包的使用頻率高，超過一個以上，換來換去其實耗損很多心力，最後也往往容易懶得更換，還是固定只用那一個。只要有一個好用、實用的錢包就夠了。

5／過多的鞋子

我認同在不同場合，要搭配不同的鞋子，但相似的鞋子真的不需要太多雙！我們只有一雙腳，扣掉最愛的那幾雙，其實很難讓每雙鞋子平均輪流登場對吧？

6／各種帽子

遮陽用和打扮用的帽子，一樣適量就好，而且有些款式的帽子不一定適合你；我是到後來才承認，其實我根本不喜歡、也不適合戴帽子呀！

7／過於華麗、材質差的內衣褲

有些內衣品牌打著「內在美」的行銷，標榜女生一定要好好的愛自己，就算只有自己才會看到的地方，也要精心打扮。但是為什麼愛自己就是得穿著花俏、蕾絲、華麗等款式呢？尤其是胸罩中間會有珍珠、蝴蝶結等裝飾會搔癢悶熱的，或過多蕾絲層次、襯墊很厚等讓流汗更難受。還有很多華麗的內衣褲，都會因為呈現高貴的感覺，所以價格也跟著「華麗」起來。女生要好好愛自己，不該先把錢花在這個上面。

8／各種樣式的手錶

一直以來我都習慣戴手錶，把手錶當成是一樣裝飾品，不同顏色的錶帶、不同尺寸的錶盤、不同華麗的品牌，但其實最常戴的總是那幾個，方便穿脫和好搭配。

9／各種手機殼

手機殼對一些人來說，就像我們衣櫃會有換不完的衣服，但往往用一用就失去新鮮感（像潮流服飾一樣），所以其實一、兩個實用、耐用的就夠了。

10／吸水快的毛巾

「包頭毛巾」對我而言，根本就只是一個被商人洗腦的「必需品」，其實以我的要求和習慣來衡量，一般毛巾就非常足夠了。

保養品／化妝品／香氛

11／過量的化妝品

這是我最希望自己沒有爆買過的東西。老實說，你真的分得出來這兩支口紅到底顏色差在哪？這麼多組眼影盤，你是不是最常用的就是那幾個、那幾色？在購買前，你有評估過自己真正需要的是哪一種嗎？

如果你是一般的上班族，或是需要化妝的場合有限，其實只需要常用、適合自己的顏色就可以了，也能省下很多整理化妝用品的時間。

12／化妝工具（刷具、美妝蛋）

藉由化妝工具，我願意再一次承認，自己真的非常懶得清潔繁瑣小物！刷具裡時常會滋生無數細菌，不夠勤勞的話根本就是用細菌來化妝！而不想再購買更多刷具的原因是，很多刷具其實是設計給很會化妝的大師用的，一般人如果沒有掌握技巧，其實有再好的工具也沒有用。

13／刷具清潔劑

刷具清潔劑剛推出的時候，人人都是好幾罐、好幾罐的在搶購、囤貨，我也使用過肥皂清潔，發現完全沒問題，一樣可以輕鬆洗乾淨，稍加搓揉，就算沒有專用的清潔劑，也是可以洗得很乾淨。

14／指甲油、去光水

相信喜愛塗抹指甲油的女生，家裡都有好幾罐不同顏色、光澤的指甲油，但事實上有擦指甲油的時間並不多，卻又因為廣告和新鮮感而買了自己消耗不完的量。擦指甲油非常花時間，很多人又未必有耐心等它乾、或有技術擦得漂亮，使用不當產品又沒有保養的話，還有損指甲健康！說不定省下這些錢、這些失敗的時間、這些囤積，偶爾上個指甲沙龍還更為划算，還不用擔心用不完乾掉的問題。

化妝品其實是用速較慢的消耗品，買過多其實到最後都是過期、浪費而已。右半側為我買了但其實根本沒有用幾次的品項，如果購買前思考理性，更是可以省下不少錢！

15／不必要的、特定功效的保養品

各種用途、或是特定功能的保養品真的有用嗎？還是其實只是日常的作息、飲食不太正常，導致效果一直不彰？適當的保養一定能協助膚況保持年輕和彈潤，但過度刺激、頻繁更換，甚至沒有先了解自己的肌膚狀況所買的保養品，非但不會協助你的膚質更好，還會讓它更敏感和脆弱。特定功能的產品，若沒有足夠了解自我需求，只是一味聽從他人推薦，非常容易因步驟繁瑣而忘記使用、忘記什麼時候要用，反而增加不少身心負擔（例如我就永遠忘記睡前要擦唇膜，保養也容易漏掉眼霜，所以都放到過期）。如果皮膚已經足夠穩定，試著簡化產品，評估看看是否真的使用的必要？真的有廣告那樣有效嗎？還是只是在圖個安心？我們不需要無止盡的追求新商品，保持成分簡單、穩定適量，正常作息和飲食，才是保持好皮膚的關鍵（皆是老生常談，但這就是真諦）。

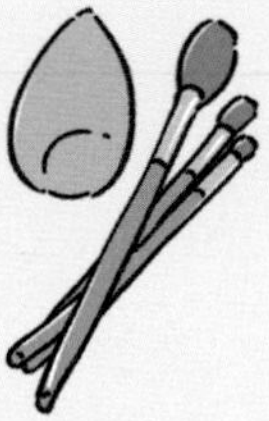

書籍／紙張／文具

16／手帳、行事曆等記事用簿子

在斷捨離的過程中，我才願意承認自己根本「沒辦法習慣寫手帳」，不論是完美主義者，捨不得寫錯任何一字一頁，還是因為電子化後太便利，寫字耗費太多時間力氣，總之把記事項目電子化後，我發現也能順利地安排好行程。如果你對紙本行事曆、日記也是可有可無，那可以試試把該記的，都放在電腦、手機裡就好，尤其是連動網路的話，還能幫你在不同３Ｃ上自動同步，非常方便又即時。

17／筆記本

打從自學校畢業後，真的沒什麼要寫筆記的需求了。有任何事項要記錄，也可以打在手機、平板、電腦的備忘錄裡，還不怕遺失或淋濕的問題，速度快，處理文書時也非常方便。如果是參加了什麼活動、營隊、課程需要小本子紀錄，我想每個人家裡一定也還是翻得出幾本原來就存在的筆記本。

18／紙膠帶

紙膠帶剛風靡台日韓時，好多熱愛寫手帳的達人、很會搭配文具發文創意的部落客，都利用紙膠帶變出好多好多令人讚嘆的作品，分裝紙膠帶甚至蔚為風潮好一陣子。但其實若不是特別熱愛佈置筆記本、利用「紙膠帶」來裝飾，擁有那麼多捲，也只是看著療癒和自嗨而已。意識到自己放得再久也不會好好利用後（還捨不得用呢），我把紙膠帶幾乎都賣了，並再也沒有買過。

19／貼紙

在手帳和紙膠帶風靡的同個時期，也是台灣文創起步的時候，許多畫家和設計師相繼出品許多精美貼紙，不論是佈置筆記本、黏貼信封、佈置牆面或瓶瓶罐罐，購買、蒐集太多的我，最終也是捨不得貼、沒機會貼、懶得貼、懶得佈置，所以也不會再買了。

20／漂亮的筆、文具（或是贈品筆）

以前還是學生的時候，會想要用很多五顏六色的筆，把課本、講義寫得美美的像彩虹，但畢業後就很少書寫、塗改了，身份和生活型態大改變，因此不會想要再購買。另外「贈品筆」雖然不是大家需要「購買」的東西，但往往會因為贈送，就不知不覺囤積了許多機關行號的紀念筆，如果認為自己絕對不會用這種筆、或根本用不了這麼多，還能有選擇的情況下，請盡量避免帶回家。

21／沒在看的書、雜誌、刊物等

身邊是否有很多友人會看詩集、或是很有深度的書？身邊是否有知識淵博的朋友常常推薦他的書單？但有時候書買回來，只是「期許」自己會看而已，或甚至看了幾頁，發現不對自己的胃口，所以中途放棄。知道自己沒有足夠的毅力去吸收太硬、不感興趣的書，我就也認清不會想看、沒有耐心看完的現實，不會再購買。

22／給自己的明信片

不論到達哪一個國家、哪一個城市，小販的風景明信片總是好吸引人，不但超高清畫質，又呈現我們拍不出來的角度。但其實那些風景明信片，要觸動到我們的回憶是稍微困難的，因為明信片和我們眼睛所看到的，還是存在不少差距（不同季節、不同角度、過度美化等因素）。若是要留著自己收藏，不如洗出自己按下快門的照片，或甚至洗出有親朋好友和自己的大頭入鏡的照片都沒關係，未來回味時，一定能更快勾起滿滿的回憶。

電子（小家電）／通訊3C類

23／便宜的家電、電子產品

大家一定有這種經驗：買電子產品或一些家電的時候，會覺得先選便宜的、夠用的就好，但這些東西往往都壞得非常快！要是買到一個不堪用的，可能短短數週、數月就陣亡了，導致必須要重新買（真的不如一開始選個好一點的）。這些零零總總的便宜貨，累積起來也都是一筆錢、以及對環境的破壞。

24／手機APP

除了要臨時應付一個緊急或特定的任務，不然內建的、免費的APP功能，就已經強大到能滿足我們的各方需求（月付費的訂閱服務，好比電影、音樂、課程，不在此討論範圍內）。如果有好用的，還是會付費支持，不過截至目前為止，善加熟悉和利用現有資源，其實就已足夠。

25／一次性電池

建議使用可充電的電池，除了環保外，一般電池的回收往往也都比較麻煩，不再購買一次性產品，也可以減少整理回收的心力。

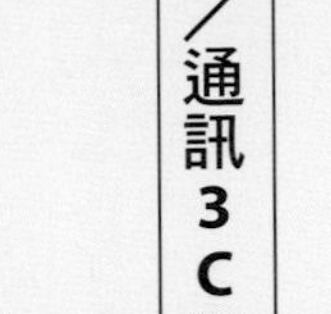

各種日用品

26／棉花棒

除了醫療用途，棉花棒雖然用途很多，和塑膠吸管、卸妝棉等同理，這畢竟也是一次性產品，減少用量也是更環保一些。由於我使用棉花棒的機率不高，所以在沒有非使用不可的情況下，已經不再購買。

27／拋棄式隱形眼鏡

長期購買、囤貨是一筆不小的開銷，尤其放大、變色等效果，我們都清楚那對眼睛的健康不太好。目前我使用的是硬式隱形眼鏡，透氧率更佳，也不會製造無盡的隱眼垃圾。

28／過多的盥洗用品

盥洗用品非常佔空間，如果想要買什麼特別的味道、特定的功能嘗試看看，請等到手上這瓶使用到近乎見底，才購買下一罐。在台灣購買盥洗用品是非常方便的，大家可以試著理解為「商店就是自己的倉庫，倉庫的貨不需立馬搬回家」。

29／過量的枕頭、寢具

有沒有發現生活風格、傢俱相關的門市或網拍，都喜歡在一張床或一張沙發上堆上「過量」的枕頭呢？一般來說，我們坐沙發或睡覺時，根本就不需要那麼多枕頭，以台灣的天氣來說，甚至不需要額外的毯子，這些文宣廣告都是為了呈現配色、層次和設計感，再利用這樣的氛圍，誘使和誤導不理智的消費者以為「那樣才是舒服」。各式各樣的枕頭套或是被套，就和手機殼是一樣的概念，我們最終只會喜歡那麼幾款而已，購買無需過量。

30／過多的乾燥花

使用乾燥花朵、植物來做裝飾是宜人的，也能讓家裡有些不一樣的氣息。但不當照顧乾燥花，上面容易卡灰塵，也容易掉落乾燥花屑，反而造成更多麻煩和混亂。

31／香氛蠟燭

蠟燭除了一向都被認為是療癒、舒心、放鬆的產品，還能有很好的「佈置」效果。購買前有仔細評估自我的生活習慣了嗎？我一開始看到很多 Youtubers、網紅使用，讚嘆味道療癒，又能輕易拿來佈置房間、營造氛圍等，是非常嚮往和羨慕的。所以當時購買很多不同味道、尺寸和包裝的產品，不過又由於捨不得使用，還有燒一陣子會有缺氧的問題（我的房間很小），現在只有偶爾才會使用。

32／不經測量、思索就買的收納用品

購買收納用品，一定是發現家裡某個空間、某類物品可以如何如何收納；若是看到可愛、美麗、有質感的收納用品，就急著購買的話，很容易造成尺寸不合、不知道該收納什麼才好的窘境。而且斷捨離和減物到一定程度後，已經不太會有那麼多收納用品的需求，很多人對於收納有無盡的需求，就是因為東西太多了，簡化之後，說不定反而會有收納用品太多的困擾呢！

33／裝飾燈具

裝飾燈具能輕鬆地替一個房間營造氣氛，或是看到一些ＤＭ、雜誌廣告呈現的畫面很有氛圍，也是因為燈光的加持。我以前也會嚮往那樣子的感覺，所以購買裝飾的燈、季節氣氛的燈等等，但現在終於意識到，那非但不是生活上的必需品，還很不實用，大多數時間不會開著它們耗電，甚至還要耗費更多空間去堆放。

34／餐桌裝飾（餐墊、餐具、假道具等）

過去我為了拍攝食譜的社群照片和寫書分享，購買了非常多的餐桌裝飾，雖然是因為工作所需，但實在是太過量了，現在才意識到就算是「道具」，一樣要在購買時考量「實用、搭配性」。或許每個人家裡的裝飾也都需要更多加思考搭配性，而非單一裝飾越多就越好看的思維。

35／衣架

這與極簡掉衣服數量有很大的關聯！

以前我的衣服實在太多了，所我需要買非常多的衣架，來吊掛那些不適合折或疊的材質。現在簡化很多衣服、帽子、包包、圍巾等，衣架的需求自然也就下降了。

36／各種廚房工具

開始接觸烹飪的時候，發覺有好多新奇的小工具，好比蘋果切割器、水煮蛋切片器、造型小碟子等等，有各式各樣，功能不但很單一，體積不小又很難清洗，其實對於日常做菜來說真的不是特別必要，對於沒有使用習慣的人來說，都只是一時興起而購買，於是就成了佔空間的工具了。

雖然好看的餐盤餐具確實幫 IG 加分很多，但現在我會留下的就是兼具好看和實用的款式，避免只為了拍照而買。

37／各式杯盤餐具

餐盤、餐具也像時尚一樣，有好看不好看之分。雖然好的器皿，真的會讓食物看起來更令人食指大動，我的飲食分享 Instagram 也因而經營得不錯。但倘若只是為了拍照，或許也是幾個好看的輪著用、替換著搭配就好了。對常常開伙煮飯的煮婦、煮夫來說，最終還是會發現：好洗、不易卡食物殘渣或醬汁、利於收納的餐具，才是值得信賴的得力助手。

其他

38／過量的絨毛娃娃

以前我買了很多很多可愛的絨毛娃娃，但是買了之後就只是擺在某個角落或展示櫃裡，很多娃娃好像一旦買回家放之後，賞玩的機率和渴望就大幅下降，也許就只是我們在商店太衝動所致，沒有想到家裡其實還有更多「也很可愛的」。再加上娃娃機大肆興起，很多盜版或不是那麼可愛的娃娃，會在遊戲過程中獲得，其實本來也

沒有那麼喜歡這些娃娃，全部帶回家放在一起固然很壯觀，但清潔麻煩，也沒辦法讓「最喜歡的娃娃」展現自己，只是全部亂成一堆，造成反效果。

39／小擺飾、玩具、玩意等等

公仔和扭蛋的興起，讓很多人會在桌上、架上、櫃子上，當裝飾療癒品展示，當這些小玩意兒數量一多起來，不但完全沒有用途，也未必會想一直欣賞，其實療癒主人的次數也屈指可數。一個一個小小的擺在那裡，其實也很容易卡灰塵，造成清掃不易，更別說如果數量再多一點，散亂在桌子上，多少會影響我們的專注力。去年、前年的公仔想必已經不知道塞去哪了？可愛歸可愛、療癒歸療癒，實用度和是否真的需要擁有，是更需要思考的重點。

40／吊飾

以前我非常喜歡買吊飾，只要有拉鍊的地方、或是可以吊掛的地方，甚至也沒有想到哪裡可以掛，只要可愛、喜歡就會想要買回家。但其實很多也都只是一時鬼迷心竅，覺得有點可愛就買了（反正也沒多少錢）。有特色或有意義的吊飾，真的也是幾個就足夠代表自己了。

41／牆上海報、過量裝飾等

許多人喜歡在牆上佈置海報和各式各樣的裝飾，雖然能營造出想要的氛圍、展現

「文青、獨特」的品味，但我發現，過量容易干擾我的視線、影響我的專注力。也因為我居住的空間都不算大，若牆壁能留白，可營造「少即是多」的效果，讓房間看起來更寬敞。

42／季節的裝飾品

逢年過節時，不管中西方，都會把店內佈置的非常華麗，台灣漸漸的在跟國外過一樣的節日（好比復活節、萬聖節、感恩節、聖誕節等），很多節慶的商品，其實只是商人拿來大噱一筆的商業行為，如果不仔細評估為什麼購買這些商品，就會感到非常不實用，畢竟一年才那麼短短幾天會用到，剩下的時間都是「儲存堆放」在一旁而已。其實如果只是要去感受節慶的氣氛，去逛街、收看節目、或上網瀏覽也是一種選擇。要感受到那些氣氛，不一定要把那些東西都買回家。

43／實體禮物

除非朋友明說想要什麼禮物，我傾向送無形、虛體的禮物，好比點數卡、儲值卡、一頓大餐、一次體驗等。因為送到別人不需要的禮物，之後會被堆置的機率實在太高了！想想我們是不是也有好多拿到了也沒在使用的禮物？表達心意和創造回憶的方式，其實真的比我們想像中還要多。

44／環保袋

說實話，怎麼可能會沒有環保袋呢？但商人、設計師、環保品牌還是持續推出不同圖樣、花色、材質、版型，吸引我們因「外表」而購買。諷刺的是，明明已經有無數環保袋，還要買環保袋，這樣怎麼會環保呢？袋子的功能大同小異，真的無需再購買。

45 ／ 外賣

我知道很多人已經非常仰賴外送平台，在工作忙碌之餘，有人可以協助打理餐點又宅配到府，真的是忙碌和懶惰人的一大福音，也確實造福很多特定工作者、對生活自理有所不便的人。但是外賣往往都使用過量的塑膠餐具、塑膠蓋和垃圾，光一餐要處理的量就非常驚人。請盡量堅持選擇包裝較為環保、垃圾量較少的店家！若時間充裕，也還是花點腳程走去外面用餐吧，台灣要吃東西已經夠方便了。

46 ／ 紀念品

所有的紀念品擺在同一家店裡，就顯得非常有特色、有記憶點。但紀念品多數實用性都非常低，好比小磁鐵、小擺飾、代表建築的模型、當地特色的玩物等等，多數最終都只會擺在某一角落閒置；因為實在沒有特定的功能，久了只是逐漸變成灰塵的家。提到「紀念」品，其實一張珍貴

的照片，更能勾起當下的感動，當下的穿著打扮、當時的年紀、當時的旅伴、當時的氣候、當時的視野，都更真實的濃縮在裡頭。

47／囤貨

還記得我們前面提到的「商店就是自己的倉庫」嗎？想買大量物品囤貨時，若能這麼換位思考，就會減少許多不安。很多產品在熱銷、暢銷的時候，我們都會擔心：「斷貨了怎麼辦？之後買不到怎麼辦？是不是要多買幾個？別人都在囤，是不是自己也應該買著備用？」冷靜想想！你使用這個產品的用量和速度，真的有必要買這麼多個備用嗎？另外，現在商品推陳出新的速度這麼快，會不會囤了一櫃子，但最後其實出了更多更好用的產品，反而後悔自己當初買太多呢？很多東西其實不會真的長期缺貨，甚至斷貨買不到的地步！把藥妝店、賣場、購物中心等，都當成是自己的倉庫就好，有需要再去購買，快用完再去補貨。記得：「無形的囤積和堆置」，也是造成空間、能量的一種損失和浪費。

48／重複的用品

明明記得自己有某件物品，卻因臨時要用找不到，只好再買一個。若能把每件常用物品的收納位置固定下來，在東西變少以後，要找到每樣物品會變得容易又快速，不會有在混亂中尋寶的狀況出現。

49／為了免運的購買

相信會使用網購的各位，都有為了湊免運，所以多買了一些根本不需要、也真的用不到的物品。這樣「才不想花錢多付運費」的心態，長期讓我多買、多花了比運費更多的學費在那些根本不需要的產品，這才是真正的浪費和損失！倒不如一開始就負擔運費，省了空間、省了錢、還省了後續處理的心力。

50／促銷

很多時候都是不看還好，一看就會想要、就會以為需要！購物節、週年慶這些促銷手法，會引起你強烈的購物慾望和認為自己什麼都好缺乏，罪魁禍首就是因為看了這些文宣和商品頁。加拿大極簡 Youtuber Sarah Therese 曾說過：「我只會買我需要的東西。如果我需要，我就會買；如果正在打折促銷，我又正好需要，那好極了！」購物前，請注意是「本來就有的需求」，或者是「由商人製造你出的需求」。既然平時沒有什麼東西特別缺乏，眼影還可以用三年、保養品還可以用一年、包包依舊很新、衣服也夠穿夠好搭配，這些促銷不管再怎麼殺、怎麼強調已經打到骨折，不看就不會有無謂的囤積和消費。也請不用擔心因此買不到史上最便宜的價格，先評估使用該產品的速度，是否下一季的促銷再跟上也差不了太多？再一次提醒，空間堆置的問題也有可能是一種損失！

買「真正需要」的東西，可以延長快樂的感受

大家還有想到什麼是可以不用再購買、或決定不要再衝動失守的東西嗎？希望我們一起腦力激盪更多反思，並套用在自身的消費習慣和品項上（好比對於追星一族來說，不再購買過多、不那麼百分百心動的明星周邊，改成刷 Youtube 頻道的影片觀看次數，會不會也是一種支持的作為？）長期被物慾掌控的不安，真的換個念頭就可以把理性奪回來！

如果你看完會想問我：「嗄！什麼都不買，不無聊嗎？這樣生活還有什麼樂趣？為什麼要過得那麼辛苦、活得那麼壓抑？」那我也可以肯定的告訴你，這些都是過去我們習於購物、慣於「獲得物質就是快樂」，被制約的結果。

還記得在第二章節「首先，你得知道自己為什麼『一直買』」提過的嗎？很多的購物經驗，未必是我們那麼喜歡，或有非擁有不可的理由。世上只有買不完的潮

流、想要不完的奢侈品和羨慕不完的理想，唯有念頭轉彎，才能打破現狀，開始真正的、長久的感受到幸福和滿足，這也會使我們在真的需要購買時，感受更百倍的踏實和快樂，因為這種購買比購物上癮的人，更能品嚐其意義和難能可貴。

極簡不是「不要買」，而是「不要亂買」

但是！我絕對不是要逼大家，今後不准購買任何以上列舉過的東西。如果你還是買了，請千萬不用覺得與簡單生活背道而馳，甚至感到失落、自責、愧疚、過度後悔等等。以「1／潮牌服飾」來說，最大賣點包含了「價格便宜」，如果你的預算不夠多，選擇有限、能力有限，但是又想要適當的打扮自己，買流行品牌、買潮流服飾、買快時尚並沒有錯，甚至可以說：那就是最適合你當前的選擇。**我列舉的50件可以不再買的物品，全都是想強調「不要因為慾望或衝動而購買」**。

正確的購物，會帶給你剛剛好的方便和長遠一點的滿足。時常有人誤解極簡、**斷捨離，就是不能購物、不要買東西，但其實重點在於「並非不要買，而是不要亂買！」**別再不經思考，輕易納入更多未來容易變成無用垃圾的物品。其實在所有的減物過程中，都是讓你有更多的時間和「意識」去認識自己的真實需求和習慣。

「請神容易，送神難」，請試著想起我們才剛剛丟掉了些什麼，是不是花了大把力氣去減少生活中的雞肋物品？試著想起你為什麼會想斷捨離、為什麼嚮往簡單生活？就算少了「購物」當興趣，我們其實還有很多事情可以專注、可以忙、可以玩。就像現在人人在講「戒斷手機」，戒斷後，我們還有和人、和大自然、和書本、和知識、和技能、和自己等等相處的機會。請相信，就算不以慾望、犒賞自己而購物，也能很滿足、也能充滿小確幸，也能過得很漂亮。

下一章節，我會帶領大家怎麼判斷「慾望與真實需求」的差別，也一步步協助你找回「理性思考」。

CHAPTER 03

動手實作！
開始打造你的簡單生活風格

過極簡生活，不等於什麼都「不能買」，而是確定這件物品不是因為衝動或單純的慾望而買。

CHAPTER 04

維持生活空間的選物建議

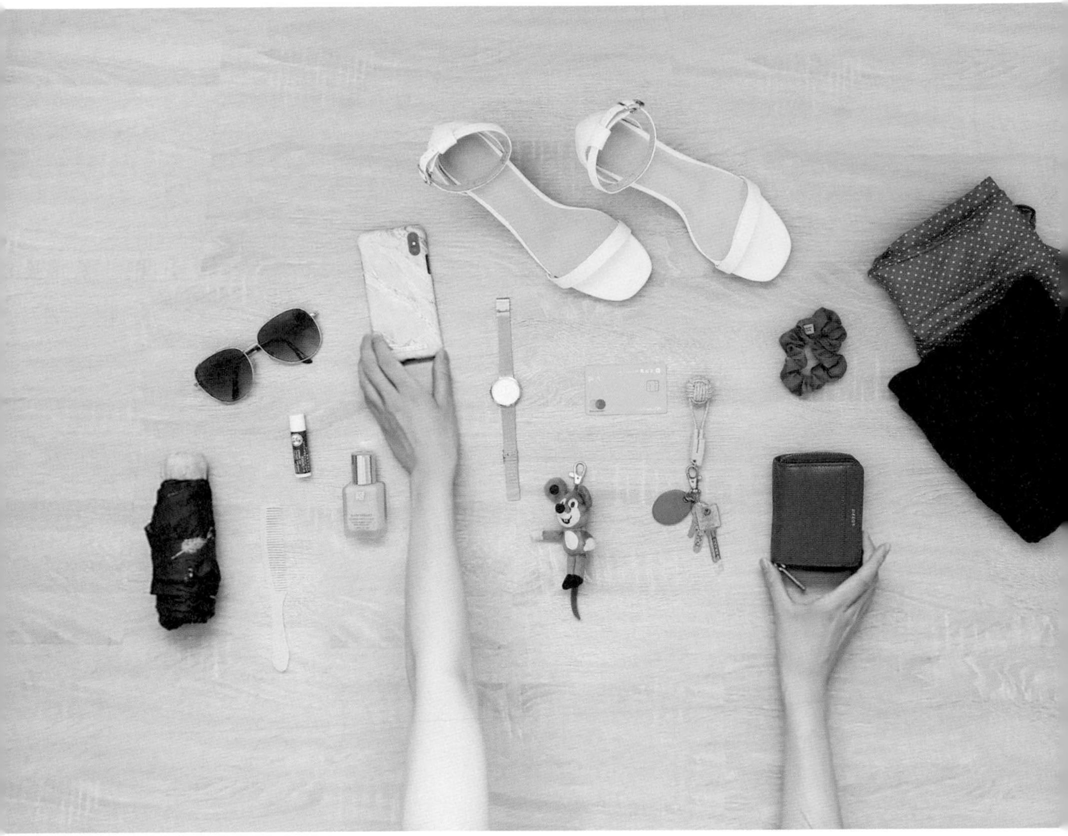

物品減量後，開始打造你的「個人風格」

在減物過程中，你可能會發現「欸？我好像特別喜歡某種顏色／風格／形狀／材質耶」，或是也有可能發現：「咦？怎麼剩下的東西，好像彼此都有點衝突，彼此搭配不起來……」簡單生活的要點，不只是斷捨離、收納整理和排列整齊，如果你和我一樣，想要營造出視覺上舒服又耐看的氛圍，就得學習判斷每個物品和其他東西的搭配性和統整性。

兩個小技巧，立刻表現簡單生活新氣象

居家風格的組成，是每一樣物品彼此相互搭配建構起來的，所以若是能考慮到

物品之間如何「重複搭配」，要創建出喜歡的空間並不難。不過，我鼓勵大家在「惜物的前提下」完成，這樣才不會引起更多慾望，變相只是「喜新厭舊」的在「汰舊換新」而已。

而我們過去不經思考的購物，手上可能有各種搭配不起來的物品。都還堪用下，怎麼善用所有，不多做消費來讓風格統一，相信會是在物品減量後的最大難題。若物品數量已經控制得宜，我建議有兩種方式可以重整風格，**（1）善用貼皮、噴漆等方法，改變空間和物品的顏色，製造統一感，或是（2）遵守一物進、一物出的方式，避免空間又被占據。**

切記，這個過程這會花上一些時間，我也建議大家不要著急，千萬不要立刻又大買特買一番！因為漸進式的調整，對於長期維持、還有調整購物習慣，才會是最有效、最能內化，也最能學習知足的方法。

其實質感生活的最佳捷徑，就是「空間創造美」，一個看起來「有質感的生活」，可以從網拍或廣告上的商品照片看到很多實例，這些行銷照片，常常是以幾件簡單的東西，營造出很有質感的畫面。我們仔細觀察一下就可以發現，大部分的商品照都是簡單但和諧地被佈置出來，這就是極簡主義所講的「少即是多」（Less is more）的原理。

BEFORE

AFTER

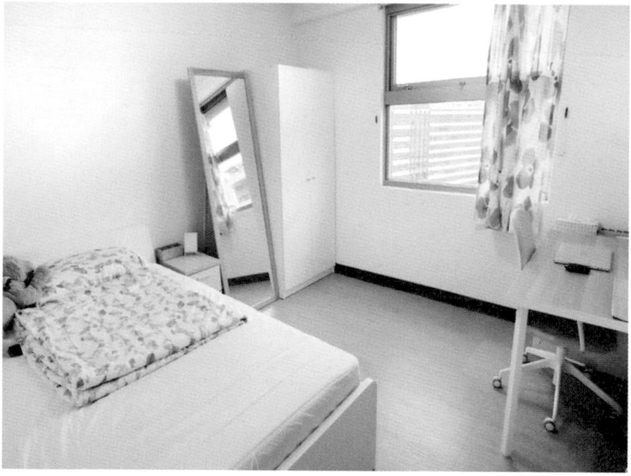

原本的房間地板是深色，而房間中的物品幾乎都是淺色，顯得很突兀又不協調，空間小；後來把地板貼皮成原木淺色，並把窗簾裁短後，看起來整個房間都不一樣了！

CHAPTER 04

維持生活空間的
選物建議

有質感的物品，只要三件就好

很多人會覺得商品本身有質感就好了，這確實是很重要的一點，但太多人（包括以前的我自己）都是：「這個有質感，買！那個有質感，買！」一大堆有質感的東西全部堆放在一起，根本襯托不出產品本身的魅力。其實不是少了那樣東西才無法營造出質感，而是擁有太多東西了，才致使空間、視覺、甚至生活雜亂。

我很鼓勵大家用「少量佈置」來提升環境的質感，與其在房間裡塞進十件高質感的裝飾品，或許還不如少少的三件來得吸睛。說白了，「簡單」就是最容易營造質感的法則之一，物品本身就是令你喜歡的話，就算只有簡單幾樣擺在那裡，依舊能覺得賞心悅目，達到療癒的效果。

「別亂買、別亂丟」的選物原則

好的物品絕對能帶給人更多的方便和滿足，因此在接下來的選物企劃，不是要逼大家全部斷捨離，嚴格限制只能擁有多少樣物品，才「夠格」稱為簡單生活；更不是要大家零物慾、不准買，讓購物成為壓力；重點應該擺在「別亂丟、別亂買、別不經思考」，一定要想清楚再淘汰，或是想清楚了再掏錢購買。

有時候真的只是在結帳前多問自己幾個問題，就能立刻起到冷靜的效果。因此我建議大家，在篩選、挑出適合自己的精選物品時，可以試著「設定關卡」！

以下分別舉例我設定給自己在選擇衣服、包包、鞋子、日用品、收納品等五大類物品時，所有可以反思考慮的「關卡」，我會盡可能的去評估完這些問題後，才做購買或斷捨離的決定。

CHAPTER 04

維持生活空間的選物建議

「別亂買、別亂丟、別不經思考」，才能打造舒適而有秩序的生活空間。

CHECK 1 ── 衣服的關卡

第一關

這件衣服跟衣櫃裡的其他衣物搭不搭？

解決▼ 有哪幾件衣服可以搭它？包包、鞋子可以配得起來嗎？避免產生衣服很多，但彼此搭配不起來的困擾。

第二關

這件衣服符合身形嗎？

解決▼ 對天發誓，你沒有縮小腹才穿得下！千萬不要自欺欺人，買回去之後，只會感覺不修飾、不顯瘦，各種挑毛病，最後就擺著不想穿了。

第三關

我的穿衣習慣是如何？會穿的頻率有多高呢？

解決▼ 如果平常沒有穿睡衣的習慣，卻被可愛的睡衣燒到，那你未來一定不會穿！勇於戳破作夢、幻想出的泡泡吧！

第四關

什麼場合「會穿到」？這種場合出現的頻率有多高？

解決▼ 什麼場合「可以穿」是理想，但什麼場合「會穿到」卻是現實！例如根本沒有那麼多婚禮、派對的場合要參加，不必硬要留、或多買一件小禮服。

第五關

現在住的地方，天氣適合嗎？

解決▼ 你住的地方有冷或熱到這種地步，需要這樣的單品嗎？會穿的頻率呢？這個關卡可以助你打破幻想出來的冷與熱。

第六關

衣櫃有沒有類似的衣服了？

解決▼ 是要替換掉最愛的那件嗎？是為了輪流著穿嗎？真的會輪流穿嗎？這關卡主要是問自己，是否真的想要這麼多類似款，還是只是喜新厭舊。

第七關

保留或購買後，這件衣服未來的結果是什麼？

解決▼ 真的不會被未來的自己斷捨離、閒置、挑毛病？賣二手很麻煩，丟很浪費、回收又很可惜喔！

第八關

是不是百分之百喜歡這件衣服？

解決▼ 這是所有物品都適用的關卡，唯有買到百分之百喜歡的，才不會輕易再對現有的不滿，而一直想要買新的！

CHAPTER 04

維持生活空間的
選物建議

1 你是不是也對某種款式的衣物有特別的偏好？想想看，是不是已經有類似的衣服了。

2 想像一下，想買的這件衣服，和衣櫃裡的其他衣物好搭配嗎？

CHECK 2 — 包包的關卡

第一關

是否實用又耐操？

解決▼ 包包是一種「工具」，是服務我們的。一定得實用、你願意用，使用頻率和價值才會高。

第二關

確認尺寸

解決▼ 是否裝得下所有日常外出所需的物品？例如：傘、水、錢包、化妝品。

第三關

搭配性如何？是合適的質感和風格嗎？

解決▼ 要能搭配現有的衣服、鞋子或飾品。

第四關

是否為能負擔的價錢？若想購買高價精品包，是出於什麼需要？

解決▼釐清是否為愛慕虛榮，還是出於真正需求。

第五關

是否已經有相似的包款了？只背現有的那一個不行嗎？（那為什麼非要這個不可？）

解決▼這是降低衝動購物、減少囤積相似款，以及避免買後使用率低的有效關卡。

第六關

確定完全符合需求嗎？

解決▼再次提醒自己，包包是用來服務我們的。不符合自身需求、無法使用，只能稱作裝飾品。

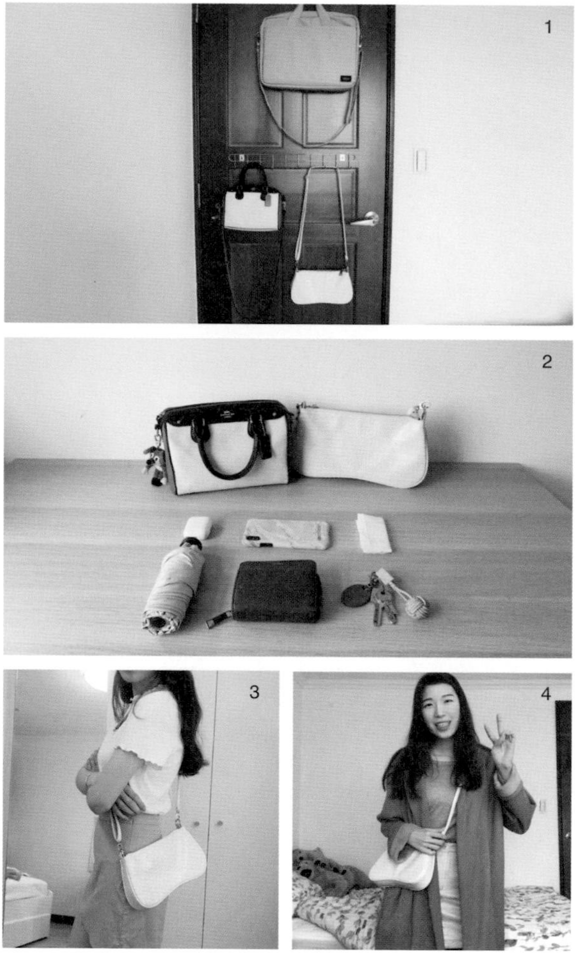

1 我所有的包包——你沒看錯，就是三個。**2** 想要常常使用，就要確定「好用」；能放進所有外出時的必備物品，就是我挑選包包的條件之一。**3**、**4** 和所有的衣物都能搭配，當然包含跨季節的搭配。這個白色肩背包在夏天和冬天，都很搭我的衣服。

CHECK 3 鞋子的關卡

第一關

穿起來舒服嗎？

解決▼ 不舒服的鞋子，到最後絕對不可能常穿，穿了也只是痛苦，最終只有束之高閣。

第二關

與衣櫃裡的衣物搭配性高嗎？

解決▼ 能不能輕鬆地想到該如何與自己的衣服、包款做多種搭配？

第三關

材質好嗎？會不會過一陣子就要修？

解決▼ 鞋子的使用頻率遠高於衣服，應該投資中上的品質。不然後續的修理縫補，恐怕會花費更多金錢和時間。

第四關

防水嗎？容易乾嗎？

解決▼如果你住的地方常常下雨，或高溫時天氣悶熱，這雙鞋子能耐溼或耐熱嗎？

第五關

可以試穿嗎？

解決▼版型偏大、偏小？好穿脫嗎？穿襪子一樣舒服嗎？蹲下、墊腳舒服嗎？好走嗎？好跑嗎？會磨腳嗎？為免後患，必須充分試穿，並仔細體驗未來穿著時會遇到的所有困擾。

第六關

鞋櫃有沒有類似的鞋子了？

解決▼是要替換掉最愛的那雙嗎？是為了輪流交替穿嗎？真的會輪流穿嗎？確認這些後再出手。

CHAPTER 04

維持生活空間的
選物建議

目前我所擁有的全部鞋款。其中平底涼鞋和寬帶交叉拖鞋的功能太相近了，所以我打算等拖鞋穿壞之後，就不會再買拖鞋的鞋款囉。

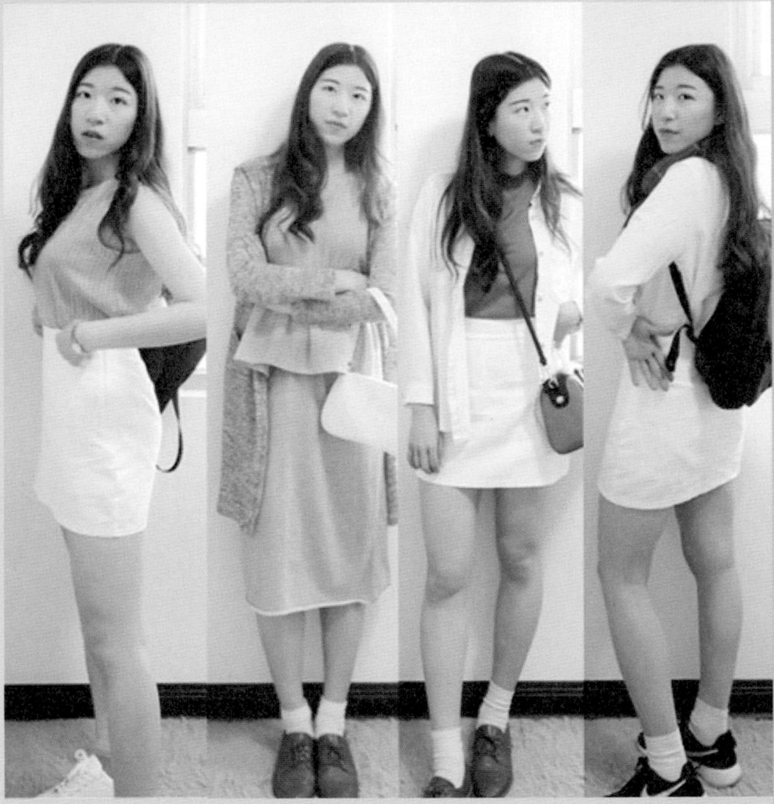

當衣物鞋包大致上都有通過購買／保留關卡後，你會發現「重複穿搭」其實非常容易！

CHECK 4 日用品的關卡

第一關

有沒有相似的物品了？真的需要它嗎？沒有會如何呢？

解決▼ 可以充分降低衝動購物、囤積相似款、以及買後使用頻率低的問題。

第二關

使用頻率高嗎？什麼時候會用到？確定有廣告說的那些使用習慣嗎？

解決▼ 這關可以助你輕易脫離商人的洗腦，釐清自己的生活習慣和真正需求。

第三關

汰換頻率為何？會不會容易忘記補充？或來不及用完而過期？

解決▼ 這關是考量汰換率、購買補充品太麻煩、過度囤積備品等問題。

第四關

產品生命週期多長？有沒有更環保或其他的選擇？

解決▼ 這關卡能防止流行用品和廣告太容易令人想汰舊換新。

第五關

實用是必須的條件以外，風格有沒有更適合的？

解決▼ 整個居家空間的統一性和諧調性，是來自所有物品疊加而成，實用是一定要的，風格也要和原有的空間搭配才行。

購買 3C 產品附贈的充電線，常常會有過多的問題，適量留即可。

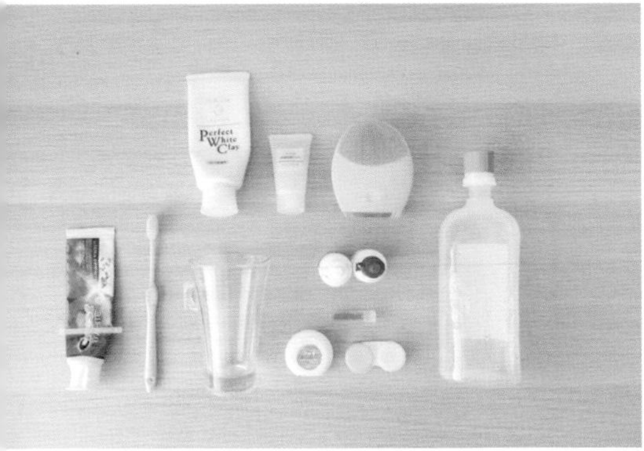

以盥洗和沐浴用品為例，這些都是「使用頻率高、備品好買、風格搭配白色浴室」的日用品。

CHECK 5 收納品的關卡

第一關

量過要擺放的空間大小、確認過尺寸了嗎？

解決▼ 實際使用時的空間也要預留。雖然大部分情況下，買錯或買到不合適雖然可退換貨，但一般人很常「懶得退就不退了」。

第二關

順手嗎？動線合適嗎？適合放在你的空間嗎？

解決▼ 檢查是否華而不實、是否符合自己的生活動線和使用習慣。

第三關

可以搭配其餘收納品和傢俱嗎？風格好統一嗎？

解決▼ 收納品是眾多物品的家，對於居家的整體性也頗具有影響力。因此它和其他相關物品及周邊必須協調，看起來才能讓人感覺舒服自在。特別是收納用具會展示在最外層，影響空間的整體性最大。

第四關

用途是否太過單一？有無更多功能的收納選擇？

解決▼ 未來搬家或想收納別的物品時，這個收納品可以切換用途嗎？考慮能否多功能，提供未來重複再利用的價值。

第五關

好清洗嗎？是否會藏污納垢？有沒有特殊凹縫或邊邊角角不好擦拭清洗？

解決▼ 避免後續保養、清潔不易的麻煩。

第六關

有安全疑慮嗎？材質無毒嗎？

解決▼ 考量地震砸落、兒童安全、廚房收納品的食安疑慮等等意外發生的風險。

餐具櫃和鞋櫃都用半透明的塑膠收納盒，看起來清爽有一致感，而且這兩種收納櫃都可以用在其他物品的收納上。

到這裡，大家應該發現有很多的關卡，能通用在很多不同物品類別上，精準購買選物的法則其實不外乎這些，如果能一一過關斬將自然是再好不過，只是現代人要記住的事情太多，這些問題又非常耗費力氣，所以常常在腦波弱的時候，強力的廣告趁虛而入，屆時你又能記得幾個關卡呢？除非已經熟練到能反射思考，否則要牢牢記住以上這些關卡，還真的不容易。

那麼，有沒有一個不需特別記住的原則呢？我想分享給大家我最喜歡，也認為最好記、最有效的一個方法。

只買百分之百喜歡的物品

常常會有人問我：「明明喜歡簡單生活的感覺，但還是一直會有購物慾望跑出來，要怎麼辦？」，其實我自己也偶爾會遇到這樣的狀況，但為了漸進式地調整物慾，學著和這份自然產生的渴望共存，而不是在短時間內趕盡殺絕，我認為透過「只買百分之百喜歡的物品」，可以滿足想要購物的心情，也能讓買來的物品不這麼快被淘汰。

只是「將就、順眼」的物品，馬上就會被你淘汰

我有一個深切的親身經歷，這是在還沒有接觸極簡、沒聽過斷捨離以前發生的

事情。

那一年我在瑞士的某個鄉下讀書，因為錢包被偷了，需要買一個新的，我就坐了長途火車到附近的大城市逛街，希望可以買到一款喜歡的錢包。當時滿腦子想的都是：「這個大城市一定會比我住的偏僻小鎮，還要更有機會、更有選擇逛到好看和喜歡的！」

不過找了好幾個小時，始終沒有找到一個超級喜歡的錢包，礙於當時天色漸漸黑了，商店打烊得很早，我又有曾被偷竊的陰影，便不由得急了起來，就對自己妥協了。我買了一個當下所有選擇裡最順眼的短夾後，就驅車返家。

當時的心態是：好吧，就買這個吧！反正也沒得選了。可是當下沒得選，不代

千萬不要妥協，給自己多一點時間等待最適合的商品出現，那將會成為陪伴你數年的寶貝。

表未來沒得選，若非急需品，要在未來再找到一個「更喜歡的」，其實一點都不難，世界上可以給我們選擇的商品上千萬款，現場就算挑不到，回家還有二十四小時的網路購物，不打烊的電商供我滑。

將就之下買了僅只是「順眼」的短夾沒多久，果不其然，我就在別的店看到另一個很喜歡的短夾，一個心動就購買付錢。而第一個為妥協而購買的錢包就被打入冷宮，後來我就轉手低價賣掉了。

越喜歡的，就越難以被取代

「只買百分之百喜歡的東西」，不僅僅會讓我們更珍惜買下的東西，而且也比較不容易因為「對現有的不滿」而「想要」買新的。此外，越是挑選百分之百喜歡的物品再買下，就越不容易看膩，因為很難找到跟它一樣好、甚至更好更喜歡的，也就不會那麼容易「被生火」、產生購物慾望。

舉個例子，許多人衣櫃必備的黑色長褲，各種價格、品牌、版型都有，在我還沒有接觸極簡之前，也非常喜歡買黑褲，沒有什麼別的原因，就是常穿，所以覺得多買一件、兩件也無可厚非。但自從我找到某牌命定款後，因為「很滿意」，所以幾乎不會再看別的黑褲了，就算有看到其他好看的黑褲，也不容易生火，因為不認為會買到比現在這件更適合自己的。

現在想想，那正是因為買到「百分之百喜歡的東西」，所以不會輕易地認為有更好的選擇可以取代掉它，或是輕易的喜新厭舊。

我們很容易因為一點點喜歡，就把一個商品買回家，可是買回家後又不一樣了，很容易因為一點點不喜歡，就不使用它。

我也曾經是腦波非常非常弱的購物狂，當時總覺得買東西真的不需要太多理由，光是一個犒賞自己、就是想買、好可愛，就可以成立。但是不用這個東西也是理由一大堆，畢竟當初不是深思熟慮就帶回家，真正使用時才會發現那些心動其實漏洞百出。

排除市面上真的別無選擇，還有當務之急的急須品以外，耐心多等待幾天、幾個禮拜、幾個機會，提高每次購物選品的標準，練習替自己買到百分之百喜歡的東西，花時間去找到那個無法替代、無可挑剔，也百分之百喜歡的東西，面對購物慾，我們就能更從容、更理智一點。

CHAPTER 04

維持生活空間的
選物建議

挑選了 100% 喜歡的、滿意的物品，就算有其他更新、更好看、更可愛的，也不會輕易動心。我非常喜歡買絨毛娃娃，不過在 2018 年開始減物，捐掉全部的玩偶娃娃後，就只買了這個「確定 100% 喜歡」舒服又好抱的娃娃了。

CHAPTER 05

維持簡單生活的日常提案

維持生活秩序的五大法則

（1）練習珍惜：把關選物標準，降低「厭舊」的頻率

在我分享「只買百分之百喜歡的東西」後沒多久，就收到了一個粉絲來信：「我覺得比起買新的東西，『如何愛惜已經擁有的東西』更困難。因為人是喜新厭舊的，通常會想購物，是因為看膩了原本的東西，所以想把它汰換掉，就很容易陷入馬上買、馬上丟、又再買、又再丟的漩渦……」

常常會有人和我說，買的當下是百分之百喜歡的沒錯，但不知道怎麼回事，就是沒辦法喜歡它很長久。我曾是爆買過的人，絕對明白喜新厭舊、一直想要用新東西、新產品的感覺，我也相信有時候無論再怎麼喜歡，受到外力刺激的話，「看膩」絕對是會發生的。

我雖然很喜歡現在使用的床包組，大多粉絲、觀眾也常常稱讚好看、好想要買，甚至敲碗詢問在哪裡買的。但是三年來日復一日都是同一套（我沒有替換不同床單的習慣，都是天氣好的那天洗好曬乾，當晚又舖回去），每天每天看，偶爾也會想要換一個風格。

「啊～如果從整套紫色調的換成米色調的，應該也很棒吧？」身為Youtuber，許多網路電商也都熱情邀請我合作，要不要試試看它們的居家產品？很令人心動吧？免費的東西，又正好搔到我「喜新厭舊」的癢處，我不否認我也會有所動搖，想趁這個機會換換風格、換換房間氣象。

我個人覺得這很大一部分，還是我們談過的「習慣」：習慣購物、習慣看到新的就心動，習慣覺得新東西比自己的更好……要調整這部分的確不容易，因為喜新厭舊確實就是人性。但也因此，我才強調購物前要設立層層關卡，披荊斬棘跨過所有門檻，才更能買到百分之百喜歡的東西。如果我們可以對自己的選品更嚴格的把關，「厭舊」的速度才會慢下來，愛惜自己的東西才會更長久一點。

雖然我有時候會對用三年的床包組有點膩，但是其實平常人忙於工作、家庭、人際和生活，哪會想那麼多？往往是因為無聊的時候，購物慾突然衝出來，才會對別的商品容易走心。那個「購物慾望的點」一旦停下來、或是被切斷，好比現在立

自從買下後，就一路愛用的床包組。不論怎麼搬家、更換住處，雖然偶爾還是會被其餘廣告款式給燒到，但正是因為很喜歡，所以還是不會想要輕易更換。

刻去睡午覺、去打電動、去運動、或是吃一頓好料的，回來可能又會覺得：欸～其實原本的東西還不錯，還是很耐看、還是很喜歡。

我想我之所以能維持理性和低慾望，除了因為足夠喜歡自己現有的，認為不容易再遇到同等喜歡的東西，所以容易逛一逛就放棄、沒有下文，削弱突如其來的衝動、很難再次下手；因為我會希望如果又要買東西，這「東西」一定也要很喜歡，要到九十五％、九十九％、百分之百那麼喜歡，會是一輩子的命定款。同時也提醒自己，衝動的下場就是我們剛剛提到的「膩」，**越是不夠喜歡的東西，膩的速度就越快**，於是循環就會開始：買了又丟，丟了又買。這也是為什麼「潮流的東西」，總是過了就退了，因為它提供的是新鮮感，只是暫時衝擊給我們不一樣的感覺，就這樣而已。

我也明白「不想買東西」很難，誰不喜歡新東西？而且有時候是貪一個暢快和一個新穎，我們大部分的人過去習慣購物，習慣用買東西來「犒賞自己」，我們一直都是這麼被洗腦的，好像擁有更多，就一定更滿足、更幸福。但譬如說有CHANEL的人，有更滿足嗎？好像並沒有，他們可能也許還想要HERMES、還想要ＬＶ。有了一個ＬＶ，或許又會想要第二個、然後第三個、第四個……，包包買成一座山，衣鞋也是，家具收納也是。東西是買不完的，購物瞬間絕對會給予人快樂，但長遠來說，卻沒有比較滿足。

簡單是一種「要練習」的生活方式，就像調整飲食一樣，除了少數人，大部分**人鐵定會有個過渡期要去適應**。維持「簡單」的一大方法，我也會建議大家試著去記得「想丟掉」、「想回收」、「不喜歡了」等等的感覺。大部分人對物品太不在乎了，而且取得太容易。現代社會物資過剩，人們又有能力購買，短時間內根本看不出來這些購買會對人生有多少影響，自然就不會那麼那麼在乎。

有粉絲曾經向我反應：「可是我買不到百分之百喜歡的東西」，或是「我怎麼知道這是不是一時衝動？當下也以為是百分之百喜歡，覺得很適合我、很心動。」我不否認，如何判斷自己「百分之百喜歡」真的很難，哪那麼容易可以一直買到很喜歡、很符合自己的東西，況且在沒有用過的情況下，常常都是當下被沖昏頭的狀態，這又要怎麼判斷？

除了剛才提及的設立關卡、延長思考時間，**很多東西之所以會讓我們那麼喜歡，也是因為「習慣」**。習慣是「這個東西」了，習慣是「它」了。如果我們能給自己足夠的時間，去喜歡和適應一個物品，有些東西，就是會越用越喜歡！一開始可能覺得還好、無感，甚至會挑它毛病，但排除重大的設計不良、不符合你實際需求，不然我相信大部分人一定會有些物品，是越用越喜歡，並且產生「情感」的。

我非常喜歡一個側背包，它頻頻出現在我的 Youtube 和 Instagram 裡，當我讚不絕口地告訴所有人，這個包包完美符合我的所有需求和喜好之前，大家不知道的是，我剛買回去的時候，很快的就沒有那麼喜歡，開始挑它毛病。

人就是這麼奇怪，還沒擁有的時候，在門市、網拍看，就愛得要死、想要得要命，但是把它帶回家、錢刷下去之後，就立刻挑剔這個、挑剔那個。我當時開始懷疑自己的品味，這個咖啡色和黑色配在一起真的好看嗎？這樣側邊寬寬、鼓鼓的，真的有好看嗎？然而後來，我越用越習慣，漸漸發現它的好、依賴它的耐用、耐髒，還能裝任何我想裝的，譬如折疊傘、保溫瓶，甚至是書和相機，漸漸了解要怎麼去搭我的穿著後，我才開始喜歡它，發現它原來這麼不錯，漸漸地習慣有它、學習愛它，最終轉變成愛不釋手。

從「還好、無感」，轉變成「愛用品」，大家是不是多少都有會幾次這樣的經驗呢？而把這整個過程換成文字的話，我想應該就叫做「練習珍惜」吧！

前面「包包的關卡」段落中，有一張照片是目前我所擁有的全部包包——三個。剛買回來、一開始還很挑剔的時候，我怎麼也沒想到，後來它會變成我的愛用包。

（2）小心「不請自來」：不需要的東西，一開始就不要收

我實行減物一陣子後開始明顯察覺到，就算購物慾望已經被冷卻降溫，不會主動購買什麼東西，但還是時不時會收到不請自來的東西，好比公司禮品、親戚朋友贈禮、會員贈品、網購包材、路過傳單、公關品……等等，這些往往會因為一些人情壓力而不好拒絕。

通常這些不請自來的物品，都不是非要不可的東西，想想沒有這些物品之前，其實日子也過得好好的。倘若正好可以汰換家中一些較為老舊的東西，那當然太好了，又或許正好是消耗品，例如衛生紙的話也沒問題，過一陣子也許就能使用完畢。怕的就是像從來都不缺的杯盤器皿、根本太多的購物袋、品質還好的行李箱……等。

我最直接的建議，就是不需要就不要收，如果不請自來或不可能拒絕，就趕緊趁新、趁包裝完善去轉賣或轉送。「不請自來」的東西，常常會是晉升成「堆置物」的高危險群，因為那並不是由你親自挑選、依照自身習慣留下來的菁英們。

CHAPTER 05

維持簡單生活的
日常提案

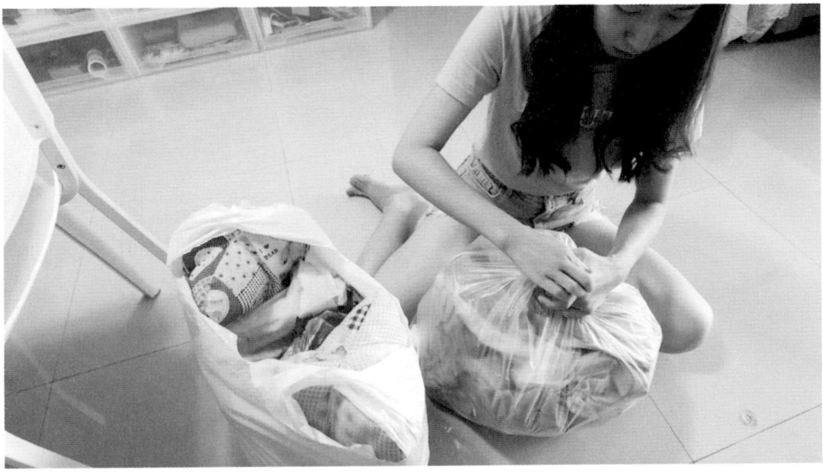

你不需要的東西，就是不會用到，在不好意思拒絕的場合或是其他不得已的原因必須收下的話，放著不管很容易變成堆在角落的無用垃圾，趕快處理掉吧！

（3）遇缺不補：練習讓生活七分滿就好

我們假設今天斷捨離了一箱衣服好了，櫃子空了大半，除非哪天開始困擾衣服不夠穿，不然不用急著補貨，我們不急著買新的東西來填補清掉的空缺。此時更是練習維持生活秩序的大好時機！可以問問自己「真的有缺嗎」？如果沒有，為什麼要讓自己輕易再買一次呢？為什麼要讓好不容易釋放出來的生活空間被回填呢？

更好的東西是值得等待的，沒人逼我們要妥協六十％、七十％喜歡的東西，不是嗎？又或者，其實「空著」就已經是最好的選擇，練習不再習慣有空間就塞，這也是讓我簡單生活可以更順利的秘密之一。我們一路斷捨離，雖然告別這麼多東西，也沒有因此過得比較不好嘛！

有句話是這麼說的：「More isn't better, sometimes it's just more.」意思是，更多不代表更好，有時候就只是「更多」而已。

CHAPTER 05

維持簡單生活的
日常提案

化妝品是我「遇缺不補」的最好代表，減少的過程中才發現，原來就算有的不多，我一樣可以畫出滿意的妝容，以前的多，真的純粹就是「多」而已。

（4）物歸原處：每次都收好，就不用特別整理

幾乎所有的空間都是這樣：如果全部「收好」，其實房間看起來是沒有那麼亂的，但我想大家都清楚，擁有的東西越多，弄亂的機會和頻率就越高！

在減少物品後最大的好處之一，就是要把一個區域的東西整理完畢是很快的！不會有一堆雜物阻礙，也不需要每次重新排列、又花上大把時間。但要怎麼樣減少整理的次數？要怎麼輕鬆維持擺放秩序呢？

我非常建議，要給所有東西都「設定一個家」，好比家用剪刀，放在公共區域的客廳一處筆筒中，不論哪一位家庭成員使用完畢，就放回那個筆筒裡，這樣下次要再使用時，也還是去同一個地方拿取使用，並放置回去。又好比，無袖衣服，一定都統一折疊放在衣櫃第二格層板裡，沒錯，就是要這麼清楚的定位！這樣只要天氣稍微炎熱，就可以反射性知道，要從這層拿取，洗完衣服收折後，也很快就可以擺到它該去的地方。

專屬「家」的做法，非但能讓我們更好珍惜物品，也能夠一次解決找不到、難以維持的問題，它們永遠會在同個位置，等待再次被主人使用。

CHAPTER 05

維持簡單生活的
日常提案

物品固定放在一個地方有很多好處，不會因亂放而讓家中變亂、不會要用的時候找不到，就能減少整理的頻率，也能避免因「找不到」而又買了重複物品的狀況。

（5）享受生活：讓今天的自己比過去更好，就夠了

我曾經一度感到很沮喪，身為半公眾人物，尤其又在談論居家空間，我時常會把自家環境作為拍攝場景，但看在「生活更簡單」的達人們眼中，我的空間其實並沒有達到他們的標準，東西沒有少到夠資格分享這個話題。直到現在，我都還是會對這樣的評論感到有壓力。

很多有意願嘗試簡單生活的朋友，是不是也面臨類似的困擾呢？被親朋好友指指點點，或在轉變過程中，遭受質疑或看好戲的眼神，甚至是家人不支持你的行為，認為你浪費、不知道好歹、不懂珍惜。

我一直強調，請和過去的自己比就好，只要你相信，這麼做都是為了更好的人生、更樸實的日子、更有秩序的生活而努力，那麼就繼續穩穩的前進就好了。

我的粉絲A小姐，以前是個囤積狂，面膜不買個十盒就會焦慮，但現在調整到只需要準備個兩盒備用就好。是的，極簡達人會覺得「根本沒必要」，但她已經進步八盒了，多了八個面膜盒子的空間來做運用，這不就是很大的一步嗎？那些自以為是的評論，根本不明白這樣的蛻變是多麼的驚人，多麼值得掌聲。

有個和我一樣想追求簡單生活的朋友，她以前就不太買衣服，所以實行兩年

極簡後，所有四季衣服加總起來才僅僅二十五件。但對她來說，不過就是五十件再精簡一些而已。而我曾是購物狂，也許現在還有五十件衣服，但我以前擁有的量是一千件呀！每個人擁有不一樣的故事、有不一樣的成長歷程，實在不能拿來相提並論、互相比較。

我的購物狂故事，或許在一些人眼中是極其誇張的，但或許對有些人來說，只是 a piece of cake，根本不算嚴重。我們需要知道的，就是「更有意識的消費、更聰明的購物、更遠離物慾的糾纏」，殊途同歸。不用太嚴格看待「極簡」、「斷捨離」、「少物」的定義，這些都只是在幫助我們提升生活效率、生活品質，還有更認識自己的喜好，更不被物慾、不被無盡的羨慕嫉妒綁架而已。只要你感覺到，你好像比過去的自己更輕鬆自在，知道自己在做什麼，為什麼購物就好了，你應該要以自己為榮，並越來越享受現在的生活！

極簡前—— 衣物量破千

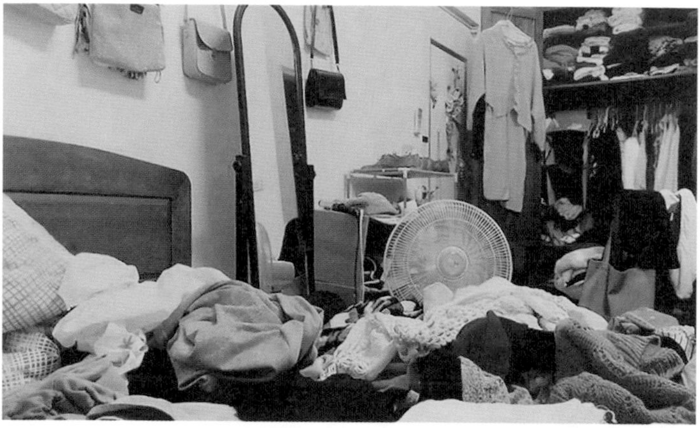

極簡一年後—— 衣物量約 300 件

極簡兩年後—— 衣物量約不到百件

感覺今天的你，比昨天的自己更好，享受改變後的生活，並且記得肯定自己！

和生活理念不一樣的人同住

我的家人（包含父母和哥哥）會談論、關注、嚮往「極簡、斷捨離、少物」的，其實只有我一個人而已。我想要追求的生活，不代表同個屋簷下的成員們能夠有同樣共識，尤其這也不是我一個人住的房子，當然更不可能為所欲為。

尊重家人的使用習慣

雖然父母並不阻止我斷捨離自己的房間，但也不會想要主動整理、極簡什麼。「生活這樣子也很好啊！為什麼非得要用你嚮往的那一套？為什麼非得要丟掉你說的那些『還沒用到的東西』？」這是我家人的質疑，非常合理。

如同上段所言，因為成長背景和經歷不同，所以有些人無法理解我們的轉變與進步，但我們是否也不曾好好理解過自己的家庭成員，為什麼不願意配合、為什麼不想斷捨離呢？

大多長輩過往的生活比現在困乏得多，物資缺乏的狀況已令我們這一代難以想像，他們兒時的回憶，可能只要有一串橡皮筋（跳繩）、一根棒棒糖、幾顆彈珠、十元湯麵，就能歡喜得樂不可支。所以說，要他們接受斷捨離？少物生活？想一想其實就能明白，這是非常為難他們的事情。

開始嘗試斷捨離的人，可能會發生家庭成員不准你丟「他們的、公共的東西」，甚至連「你自己的東西」，他們也不希望你丟掉，這些都出自於成長背景不同，且互相不理解所造成。我們也許會想要憤恨不平地反擊，想試圖說服，但面臨各種無解、僵持的情境下，「說什麼都是沒用」也是可以想見的狀況。

我曾經對著我爸堆置上百本的書責怪說：「這些都沒在看了啊！為什麼不能賣啊？」，但後來我整理娃娃的時候，豁然開朗，這些絨毛玩具，對我爸來說，何嘗不是「浪費錢、浪費空間的雜物」呢？每個人對雜物，認為「該斷捨離」的物品截然不同。

從一個抽屜、一個角落開始改變

就像我們第二章〈選擇簡單的生活風格，絕不只是「開始丟東西」〉裡所談過的，如果不是發自內心、主動的想要改變生活，這樣的追求對不認同的人來說，只會是強求，徒增更多爭執。

我的父母也是十分愛物惜物的人，但在我堅持長達兩年的實行減物、少物生活的過程中，我可以發現他們雖然改變很緩慢，但確實有受到影響。當我在淘汰不需要的物品時；當我在說服他們不要買過量備品時；當我告訴他們紙袋、塑膠袋留適量就好時；當我開始主動整理環境時；當我著手販售家中的閒置物時，我可以感受到他們和使用頻率低的物品之間曾有的緊密連結，起了一些鬆動，他們開始會有意無意地認同「確實不用太多也沒問題」。

想改變家人的思維和習慣，我覺得以身作則是最好的方法，想要傳遞給他人這樣的觀念時，先把自己做好，先從自己的房間，小至一個抽屜、一個衣櫃做起就好，應當把重心先放在自己身上，當我們落實自己的信念，開始因簡單生活而有更美好的呈現，更穩定的心情、更專注的工作、更輕盈的空間，身邊的人一定可以感受到。

以身作則，讓家人感受到進行極簡的你變得更好，透過一個角落的整理，讓他們理解並開始認同「這個丟掉、這樣整理也可以」。

他們的改變可能很緩慢，可能這輩子都不可能達到我們心目中的標準，但不強加於人自己的生活方式，也是對在同個屋簷下的成員們的一份尊重。

我有一位同學，畢業後就再也沒有聯絡了，有一天她忽然私訊對我說謝謝。我才知道她本來也是不在乎生活品質的人，但不知道從什麼時候開始，看到我美好的轉變，只是乾淨簡單，就能呈現優雅得體的氛圍，一點都不輸坐擁諸多名牌的網紅。所以開始漸漸被影響、受到啟發。她說：「不知不覺購物慾就下降了，也賣了很多東西。」

如果可以用自己的行為和成果，讓其他人看到之後，自發性地也想開始改變，無須多加闡述減物有多好、或強逼家人把家中整頓成你希望的樣子，「想過簡單的生活」自然會成為你身邊的人願意嘗試的目標。

媽媽也因為受到我持續整理、簡化所帶來的正面的影響，漸漸認同有些物品其實無需囤積過量。

開始極簡之後，我更喜歡自己了

我從「月光族的購物狂」到「極簡主義的信徒」，這兩年內天翻地覆的改變，讓我開始相信「簡單生活」是一件誰都做得到的事情。不再追求物質的過程中也讓我大徹大悟，一個人的自信、價值和美，真的可以不那麼仰賴身外之物。

粉絲C小姐曾告訴我：「我本來不覺得我有辦法減少這麼多物慾，上班又要兼顧家庭壓力都好大，也沒什麼時間陪小孩，每次看到不錯的東西就會想要買給孩子、老公甚至自己當禮物，我真的看到什麼東西都好想要。同事每次揪團，我都是買最多的那個。我也不覺得自己能夠斷捨離成功，因為那些東西都是錢、都是心血。但念頭一轉，明白物質帶來的快樂無法持久，不要把物品當做快樂的泉源，我覺得好像脫胎換骨一樣，也比較有勇氣面對家裡的亂七八糟，雖然整理是場馬拉松，但好像知道接著該怎麼做了。」

CHAPTER 05

維持簡單生活的
日常提案

不論看完這本書之後，你有沒有執行的衝動，有沒有顛覆你過往的思考，希望我能有幸邀請你們試試看，不用想太多，如果持續一週、一個月，你感到愉悅、舒服、更有精神，那麼就繼續；如果你感到矛盾、煩惱甚至痛苦，那麼就停止，完全忠於自己的感受即可。我和身邊好幾位接觸減物而獲得心靈自由的朋友，都是希望自己美好的親身轉變，可以幫助到更多其實並不知道自己到底需要什麼的人。把對現在的生活根本不必要的東西清出來，你會有更多的時間，專注在更重要的事上。

然而每個人嚮往的生活方式都太不相同，無論怎麼選擇，自己的輕鬆自在是最重要的，畢竟我們的目的是要讓自己過得開心、更認同自己，也更認同自己的生活方式才是。

「美好的生活是不昂貴的」，隨著你簡化生活中各種物品的數量之後，就會從留下的東西中發現自己的愛好和風格，讓你更了解自己；把那些其實沒有這麼需要的東西清掉之後，少了整理、翻找的時間，少了看到一團亂的煩躁心情，你會更能找出、更能專心在自己真正想做的事情上。

國家圖書館出版品預行編目資料
末羊子的極簡日常提案 / 末羊子著 . -- 初版 . -- 新北市 : 幸福文化出版 : 遠足文化發行 , 2020.12
面； 公分
ISBN 978-986-5536-28-2 (平裝)

1. 家政 2. 簡化生活 3. 生活態度 4. 生活指導
420 109017079

好生活 019

末羊子的極簡日常提案

兩大清單「馬上丟╳不再買」精準斷捨離，
從一個抽屜、一個角落，開始打造理想中的質感生活！

作　　者：末羊子
責任編輯：賴秉薇
封面設計：Rika Su
內文設計：王氏研創藝術有限公司
內文排版：王氏研創藝術有限公司
印　　務：黃禮賢、李孟儒

出版總監：黃文慧
副 總 編：梁淑玲、林麗文
主　　編：蕭歆儀、黃佳燕、賴秉薇
行銷總監：祝子慧
行銷企劃：林彥伶、朱妍靜

社　　長：郭重興
發行人兼出版總監：曾大福
出　　版：幸福文化／遠足文化事業股份有限公司
地　　址：231 新北市新店區民權路 108-1 號 8 樓
網　　址：https://www.facebook.com/happinessbookrep/
電　　話：(02) 2218-1417
傳　　真：(02) 2218-8057

發　　行：遠足文化事業股份有限公司
地　　址：231 新北市新店區民權路 108-2 號 9 樓
電　　話：(02) 2218-1417
傳　　真：(02) 2218-1142
電　　郵：service@bookrep.com.tw
郵撥帳號：19504465
客服電話：0800-221-029
網　　址：www.bookrep.com.tw

法律顧問：華洋法律事務所 蘇文生律師
印　　刷：凱林彩印股份有限公司
電　　話：(02) 2974-5797

初版一刷：西元 2020 年 12 月
定　　價：360 元

讀者回函卡

感謝您購買本公司出版的書籍，您的建議就是幸福文化前進的原動力。請撥冗填寫此卡，我們將不定期提供您最新的出版訊息與優惠活動。您的支持與鼓勵，將使我們更加努力製作出更好的作品。

讀者資料

●姓名：＿＿＿＿＿＿　● 性別：□男　□女　●出生年月日：民國＿＿年＿＿月＿＿日

●E-mail：＿＿＿＿＿＿

●地址：□□□□□ ＿＿＿＿＿＿

●電話：＿＿＿＿＿＿ 手機：＿＿＿＿＿＿ 傳真：＿＿＿＿＿＿

●職業：
□學生　□生產、製造　□金融、商業　□傳播、廣告
□軍人、公務　□教育、文化　□旅遊、運輸　□醫療、保健
□仲介、服務　□自由、家管　□其他

購書資料

1. 您如何購買本書？□一般書店（　　縣市　　　書店）
□網路書店（　　　書店）　□量販店　□郵購　□其他
2. 您從何處知道本書？□一般書店　□網路書店（　　　書店）　□量販店　□報紙□廣播　□電視　□朋友推薦　□其他
3. 您購買本書的原因？□喜歡作者　□對內容感興趣　□工作需要　□其他
4. 您對本書的評價：（請填代號 1. 非常滿意　2. 滿意　3. 尚可　4. 待改進）
□定價　□內容　□版面編排　□印刷　□整體評價
5. 您的閱讀習慣：□生活風格　□休閒旅遊　□健康醫療　□美容造型　□兩性
□文史哲　□藝術　□百科　□圖鑑　□其他
6. 您是否願意加入幸福文化 Facebook：□是　□否
7. 您最喜歡作者在本書中的哪一個單元：＿＿＿＿＿＿
8. 您對本書或本公司的建議：＿＿＿＿＿＿

請沿虛線剪下，黏貼好後，直接投入郵筒寄回

廣　告　回　信
臺灣北區郵政管理局登記證
第 14437 號

請直接投郵，郵資由本公司負擔

23141

新北市新店區民權路 108-4 號 8 樓

遠足文化事業股份有限公司　收

第一本
專門寫給台灣人的
極簡生活實踐書

末羊子的極簡日常提案

極簡生活實踐者
末羊子◎著

幸福文化　書名　末羊子的極簡日常提案　好生活 019